Linux开发书系

Linux 自动化运维实战

吴光科 彭威城 文 赟 编著

清华大学出版社
北京

内 容 简 介

本书从实用的角度出发，详细介绍了 Linux 自动化运维领域的相关理论、技术与应用，包括 Shell 企业编程基础、Shell 编程高级企业实战、自动化运维发展、Puppet 自动运维企业实战、Ansible 自动运维企业实战、SaltStack 自动运维企业实战。

本书免费提供与书中内容相关的视频课程讲解，以指导读者深入地进行学习，详见前言中的说明。

本书既可作为高等学校计算机相关专业的教材，也可作为系统管理员、网络管理员、Linux 运维工程师及网站开发、测试、设计等人员的参考用书。

图书在版编目（CIP）数据

Linux自动化运维实战 / 吴光科，彭威城，文赟编著. —北京：清华大学出版社，2023.5（2024.2重印）
（Linux开发书系）
ISBN 978-7-302-63369-3

Ⅰ. ①L… Ⅱ. ①吴… ②彭… ③文… Ⅲ. ①Linux操作系统 Ⅳ. ①TP316.85

中国国家版本馆CIP数据核字（2023）第061625号

责任编辑：刘 星
封面设计：李召霞
责任校对：李建庄
责任印制：丛怀宇

出版发行：清华大学出版社
网　　址：https://www.tup.com.cn，https://www.wqxuetang.com
地　　址：北京清华大学学研大厦A座　　**邮　编**：100084
社 总 机：010-83470000　　**邮　购**：010-62786544
投稿与读者服务：010-62776969，c-service@tup.tsinghua.edu.cn
质 量 反 馈：010-62772015，zhiliang@tup.tsinghua.edu.cn
课 件 下 载：https://www.tup.com.cn，010-83470236

印 装 者：北京同文印刷有限责任公司
经　　销：全国新华书店
开　　本：186mm×240mm　　**印　张**：13　　**字　数**：247千字
版　　次：2023年7月第1版　　**印　次**：2024年2月第2次印刷
印　　数：2001～3200
定　　价：69.00元

产品编号：101569-01

前言

PREFACE

Linux 是当今三大操作系统（Windows、macOS、Linux）之一，其创始人是林纳斯·托瓦兹[①]。林纳斯·托瓦兹 21 岁时用 4 个月的时间首次创建了 Linux 内核，于 1991 年 10 月 5 日正式对外发布。Linux 系统继承了 UNIX 系统以网络为核心的思想，是一个性能稳定的多用户网络操作系统。

20 世纪 90 年代至今，互联网飞速发展，IT 引领时代潮流，而 Linux 系统是一切 IT 的基石，其应用场景涉及方方面面，小到个人计算机、智能手环、智能手表、智能手机等设备，大到服务器、云计算、大数据、人工智能、数字货币、区块链等领域。

为什么写《Linux 自动化运维实战》这本书？这要从我的经历说起。我出生在贵州省一个贫困的小山村，从小经历了砍柴、放牛、挑水、做饭，日出而作、日落而归的朴素生活，看到父母一辈子都生活在小山村里，没有见过大城市，所以从小立志要走出大山，要让父母过上幸福的生活。正是这样的信念让我不断地努力。大学毕业至今，我在“北漂”的 IT 运维路上已走过了十多年：从初创小公司到国有企业、机关单位，再到图吧、研修网、京东商城等 IT 企业，分别担任过 Linux 运维工程师、Linux 运维架构师、运维经理，直到现在创办的京峰教育培训机构。

一路走来，很感谢生命中遇到的每一个人，是大家的帮助，让我不断地进步和成长，也让我明白了一个人活着不应该只为自己和自己的家人，还要考虑到整个社会，哪怕只能为社会贡献一点点价值，人生就是精彩的。

为了帮助更多的人通过技术改变自己的命运，我决定和团队同事一起编写这本书。虽然市面上关于 Linux 的书籍有很多，但是很难找到一本关于 Shell 企业编程基础、Shell 编程高级企业实战、自动化运维发展、Puppet 自动运维企业实战、Ansible 自动运维企业实战、SaltStack 自动运维企业实战等内容的详细、全面的主流技术书籍，这就是编写本书的初衷。

---

① 创始人全称是 Linus Benedict Torvalds（林纳斯·本纳第克特·托瓦兹）。

配套资源

- 程序代码、面试题目、学习路径、工具手册、简历模板等资料，请扫描下方二维码下载或者到清华大学出版社官方网站本书页面下载。

配套资源

- 作者精心录制了与 Linux 开发相关的视频课程（3000 分钟，144 集），便于读者自学。扫描封底“文泉课堂”刮刮卡中的二维码进行绑定后即可观看（注：视频内容仅供学习参考，与书中内容并非一一对应）。

虽然已花费大量的时间和精力核对书中的代码和内容，但难免存在纰漏，恳请读者批评指正。

吴光科
2023 年 3 月

致谢

ACKNOWLEDGEMENT

感谢 Linux 之父林纳斯·托瓦兹，他不仅创造了 Linux 系统，还影响了整个开源世界，也影响了我的一生。

感谢我亲爱的父母，含辛茹苦地抚养我们兄弟三人，是他们对我无微不至的照顾，让我有更多的精力和动力去工作，去帮助更多的人。

感谢常青帅、孙娜、潘志付、薛洪波、王中、朱愉、左堰鑫、齐磊、周玉海、周泊江、吴啸烈、卫云龙、刘祥胜、冯圣国及其他挚友多年来对我的信任和鼓励。

感谢腾讯课堂所有的课程经理及平台老师，感谢 51CTO 副总裁一休及全体工作人员对我及京峰教育培训机构的大力支持。

感谢京峰教育培训机构的每位学员对我的支持和鼓励，希望他们都学有所成，最终成为社会的中流砥柱。感谢京峰教育首席运营官蔡正雄，感谢京峰教育培训机构的辛老师、朱老师、张老师、关老师、兮兮老师、小江老师、可馨老师等全体老师和助教、班长、副班长，是他们的大力支持，让京峰教育能够帮助更多的学员。

最后要感谢我的爱人黄小红，是她一直在背后默默地支持我、鼓励我，让我有更多的精力和时间去完成这本书。

吴光科

2023 年 3 月

目录

CONTENTS

第 1 章

Shell 企业编程基础

说到 Shell 编程，很多从事 Linux 运维工作的朋友都不陌生，都对 Shell 有基本的了解。读者刚开始接触 Shell 的时候，可能感觉编程非常困难，但慢慢就会发现，Shell 编程是所有编程语言中最容易上手、最容易学习的编程脚本语言之一。

本章将介绍 Shell 编程入门，Shell 编程变量，if、for、while、case、select 基本语句案例演练及 Shell 编程“四剑客”（find、sed、awk、grep）的深度剖析等。

1.1 Shell 编程入门

曾经有人说过，学习 Linux 不知道 Shell 编程，那就是不懂 Linux。细细品味，确实是这样。Shell 是操作系统的最外层，可以合并编程语言以控制进程和文件，以及启动和控制其他程序。

Shell 通过提示符让用户输入，向操作系统解释该输入，然后处理来自操作系统的任何结果输出。简单来说，Shell 就是用户和操作系统之间的一个命令解释器。

Shell 是用户与 Linux 操作系统之间沟通的桥梁，用户既可以输入命令并执行，也可以利用 Shell 脚本编程运行，如图 1-1 所示。

Linux Shell 语言的种类非常多，常见的有以下几种。

（1）Bourne Shell（/usr/bin/sh 或/bin/sh）。

（2）Bourne Again Shell（/bin/bash）。

（3）C Shell（/usr/bin/csh）。

（4）K Shell（/usr/bin/ksh）。

（5）Shell for Root（/sbin/sh）。

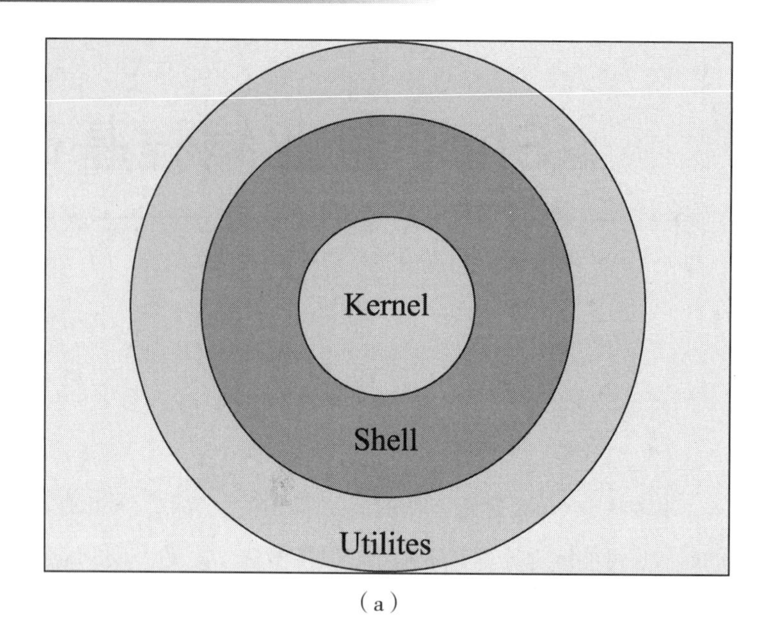

（a）

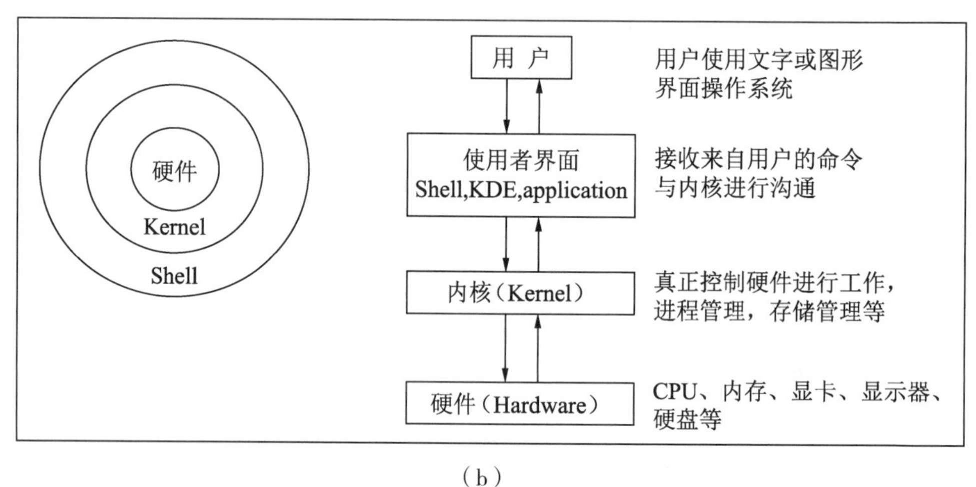

（b）

图 1-1 Shell、用户及 Kernel 的关系

不同的 Shell 语言的语法有所不同，一般不能交换使用。最常用的 Shell 语言是 Bash，也就是 Bourne Again Shell。Bash 由于易用和免费，在日常工作中被广泛使用，也是大多数 Linux 操作系统默认的 Shell 环境。

Shell、Shell 编程、Shell 脚本、Shell 命令之间有什么区别呢？简单来说，Shell 是一个整体的概念，Shell 脚本内置 Shell 命令，Shell 命令则是 Shell 编程底层具体的语句和实现方法。

1.2　Shell 脚本及编写 Hello World 程序

要熟练掌握 Shell 编程语言，需要大量的练习，初学者可以用 Shell 打印“Hello World”字符，寓意开始新的启程。

Shell 脚本编程需要注意以下事项。

（1）Shell 脚本名称中的英文区分大小写。

（2）不能使用特殊符号、空格命名。

（3）Shell 脚本以.sh 结尾。

（4）不建议 Shell 命名为纯数字，一般以脚本功能命名。

（5）Shell 脚本内容首行需以“#!/bin/bash”开头。

（6）Shell 脚本中变量名称尽量使用大写字母，字母间不能使用“-”，可以使用“_”。

（7）Shell 脚本变量名称不能以数字、特殊符号开头。

以下为第一个 Shell 编程脚本，脚本名称为 first_shell.sh，代码如下：

```
#!/bin/bash                     #固定格式,定义该脚本所使用的 Shell 类型
#This is my First shell         #"#"表示注释,没有任何意义,Shell 不会解析它
#By author jfedu.net 2021       #表示脚本创建人
echo "Hello World ! "           #Shell 脚本主命令,执行该脚本呈现的内容
```

Shell 脚本编写完，如需运行该脚本，则用户需要有执行权限。可以使用 chmod o+x first_shell.sh 命令赋予可执行权限，然后通过命令./first_shell.sh 执行。还可以使用命令/bin/sh first_shell.sh 直接运行脚本，不需要执行权限，最终脚本执行显示效果一样。

初学者学习 Shell 编程时，可以将在 Shell 终端运行的各种命令依次写入脚本，把 Shell 脚本当成 Shell 命令的堆积。

1.3　Shell 编程

1.3.1　变量详解

Shell 是非类型的解释型语言，不像 C++、Java 语言编程时需要事先声明变量，Shell 给一个变量赋值，实际上就是定义了变量，在 Linux 支持的所有 Shell 中，都可以用赋值符号(=)为变量赋值。Shell 变量为弱类型，定义变量不需要声明类型，但在使用时需要明确变量的类型。可以

使用 Declare 指定类型，Declare 常见的参数有以下几个：

```
+/-            #"+"为取消变量所设的属性,"-"可用来指定变量的属性
-f             #仅显示函数
r              #将变量设置为只读
x              #指定的变量会成为环境变量,可供 Shell 以外的程序使用
i              #指定类型为数值、字符串或运算式
```

Shell 编程中变量分为 3 种，分别是系统变量、环境变量和用户变量。Shell 变量名在定义时，首字符必须为字母（a ~ z，A ~ Z），不能以数字开头，中间不能有空格，可以使用下画线（_），不能使用半字线（-），也不能使用标点符号等。

例如，定义变量 A=jfedu.net，其中 A 为变量名，jfedu.net 是变量的值。变量名有格式规范，变量的值可以随意指定。变量定义完成后，如需引用变量，可以使用$A。

Shell 脚本 var.sh 内容如下：

```
#!/bin/bash
#By author jfedu.net 2021
A=123
echo  "Printf variables is $A."
```

执行该 Shell 脚本，结果将显示 Printf variables is jfedu.net。

1.3.2 系统变量

Shell 常见的变量之一为系统变量，主要用于对参数判断和命令返回值判断。系统变量详解如下：

```
$0                    #当前脚本的名称
$n                    #当前脚本的第 n 个参数,n=1,2,…,9
$*                    #当前脚本的所有参数(不包括程序本身)
$#                    #当前脚本的参数个数(不包括程序本身)
$?                    #命令或程序执行完后的状态,返回 0 表示执行成功
$$                    #程序本身的 PID 号
```

1.3.3 环境变量

Shell 常见的变量之二为环境变量，主要是在程序运行时设置。环境变量详解如下：

```
PATH                  #命令所示路径,以冒号分隔
HOME                  #打印用户主目录
SHELL                 #显示当前 Shell 类型
```

```
USER                                  #打印当前用户名
ID                                    #打印当前用户 ID 信息
PWD                                   #显示当前所在路径
TERM                                  #打印当前终端类型
HOSTNAME                              #显示当前主机名
```

1.3.4　用户变量

Shell 常见的变量之三为用户变量，又称为局部变量，主要在 Shell 脚本内部或者临时局部使用。用户变量详解如下：

```
SITE=jfedu.net                        #自定义变量 A
IP1=192.168.1.11                      #自定义变量 IP1
IP2=192.168.1.12                      #自定义变量 IP2
WEB=www.jd.com                        #自定义变量 WEB
SQL_DB=jfedu001                       #自定义变量 SQL_DB
SQL_PWD=1qaz@WSX                      #自定义变量 SQL_PWD
NGX_SOFT=nginx-1.16.0.tar.gz          #自定义变量 NGX_SOFT
BAK_DIR=/data/backup/                 #自定义变量 BAK_DIR
GATEWAY=192.168.0.1                   #自定义变量 GATEWAY
```

创建 Echo 打印菜单 Shell 脚本，脚本代码如下：

```
#!/bin/bash
#auto install httpd
#By author jfedu.net 2021
echo -e '\033[32m-----------------------------\033[0m'
FILE=httpd-2.2.31.tar.bz2
URL=http://mirrors.cnnic.cn/apache/httpd/
PREFIX=/usr/local/apache2/
echo -e "\033[36mPlease Select Install Menu:\033[0m"
echo
echo "1)官方下载 Httpd 文件包."
echo "2)解压 apache 源码包."
echo "3)编译安装 Httpd 服务器."
echo "4)启动 HTTPD 服务器."
echo -e '\033[32m-----------------------------\033[0m'
sleep 20
```

运行脚本，结果如图 1-2 所示。

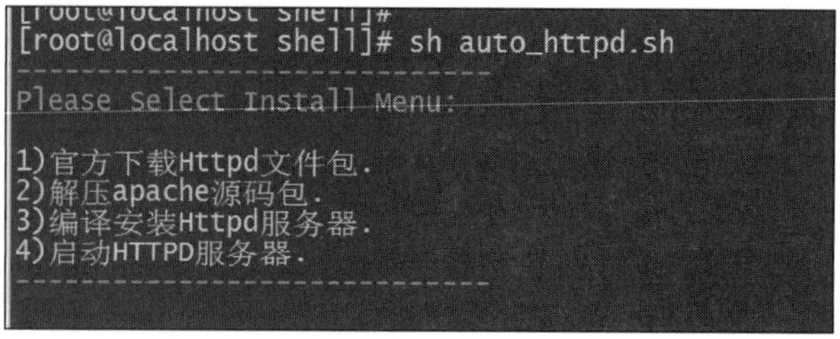

```
[root@localhost shell]# sh auto_httpd.sh
----------------------------
Please Select Install Menu:

1)官方下载Httpd文件包.
2)解压apache源码包.
3)编译安装Httpd服务器.
4)启动HTTPD服务器.
----------------------------
```

图 1-2 Echo 打印菜单脚本

1.4 if 条件语句实战

Linux Shell 编程中，if、for、while、case 等条件流程控制语句用得非常多，熟练掌握以上流程控制语句及语法，对编写 Shell 脚本有非常大的益处。

if 条件判断语句通常以 if 开头，以 fi 结尾，也可加入 else 或 elif 进行多条件的判断。if 表达式如下：

```
if  (表达式)
    语句 1
else
    语句 2
fi
```

if 语句 Shell 脚本编程案例如下。

（1）比较两个整数大小。

```
#!/bin/bash
#By author jfedu.net 2021
NUM=100
if  (( $NUM > 4 )) ;then
    echo "The  Num  $NUM  more  than 4."
else
    echo "The  Num  $NUM  less   than 4."
fi
```

（2）判断系统目录是否存在。

```
#!/bin/bash
#judge DIR or Files
#By author jfedu.net 2021
if  [  !  -d  /data/20210515  -a  !  -d  /tmp/2021/  ];then
```

```
    mkdir  -p  /data/20210515
fi
```

if 常见判断逻辑运算符详解如下：

```
-f                        #判断文件是否存在 eg: if [ -f filename ]
-d                        #判断目录是否存在 eg: if [ -d dir     ]
-eq                       #等于,应用于整型比较 equal
-ne                       #不等于,应用于整型比较 not equal
-lt                       #小于,应用于整型比较 letter
-gt                       #大于,应用于整型比较 greater
-le                       #小于或等于,应用于整型比较
-ge                       #大于或等于,应用于整型比较
-a                        #双方都成立(and) 逻辑表达式 –a 逻辑表达式
-o                        #单方成立(or) 逻辑表达式 –o 逻辑表达式
-z                        #空字符串
||                        #单方成立
&&                        #双方都成立表达式
```

（3）if 多个条件测试分数判断。

```
#!/bin/bash
#By author jfedu.net 2021
scores=$1
if  [[ $scores -eq 100 ]]; then
   echo "very good!";
elif [[ $scores -gt 85 ]]; then
   echo "good!";
elif [[ $scores -gt 60 ]]; then
   echo "pass!";
elif [[ $scores -lt 60 ]]; then
   echo "no pass!"
fi
```

1.5　Shell 编程括号和符号详解

1.5.1　括号详解

Shell 编程中，尤其是使用 if 语句时，经常会使用( )、(( ))、[ ]、[[ ]]、{ }等括号，以下为几种括号的简单对比。

```
( )
#用于多个命令组、命令替换及初始化数组,多用于 Shell 命令组,例如 JF=(jf1 jf2 jf3),其
#中括号左右不保留空格
(( ))
#整数扩展、运算符、重定义变量值,算术运算比较,例如((i++))、((i<=100)),其中括号左右
#不保留空格
[ ]
#Bash 内部命令,[ ]与 test 是等同的,正则字符范围、引用数组元素编号,不支持+-*/数学运
#算符,逻辑测试使用-a、-o,通常用于字符串比较、整数比较以及数组索引,其中括号左右要保留
#空格
[[ ]]
#Bash 程序语言的关键字,不是一个命令,[[ ]]结构比[ ]结构更加通用,不支持+-*/数学运算
#符,逻辑测试使用&&、||,通常用于字符串比较、逻辑运算符等,其中括号左右要保留空格
{}
#主要用于命令集合或者范围,例如 mkdir  -p  /data/201{7,8}/,其中括号左右不保留空格
```

1.5.2 符号详解

Shell 编程中，使用变量、编程时，经常会使用变量前导符、反斜杠、单引号、双引号、反引号等符号，如下为几种符号的简单对比。

（1）使用变量前导符（$），主要用于引用 Shell 编程中的变量，例如定义变量 JF=www.jfedu.net，引用值需要用$JF。

（2）反斜杠（\）主要用于对特定的字符实现转义，保留原有意义，例如 echo "\$JF"结果会打印$JF，而不会打印 www.jfedu.net。

（3）单引号（' '），又称为强引，不具有变量置换的功能，使任意字符还原为字面意义，可实现屏蔽 Shell 元字符的功能。

（4）双引号（" "），又称为弱引，具有变量置换的功能，保留$（使用变量前导符）、\(转义符)、`(反向引号)元字符的功能。

（5）反引号（` `），位于键盘 Tab 键上面一行的键，用作命令替换（相当于$(…)）。

1.6 MySQL 数据库备份脚本

MySQL 数据库备份是运维工程师的工作之一，以下为自动备份 MySQL 数据库脚本。

```
#!/bin/bash
#auto backup mysql
```

```
#By author jfedu.net 2021
#Define PATH 定义变量
BAK_DIR=/data/backup/mysql/'date +%Y-%m-%d'
MYSQLDB=webapp
MYSQLPW=backup
MYSQLUSR=backup
#must use root user run scripts 必须使用 root 用户运行,$UID 为系统变量
if
   [ $UID -ne 0 ];then
   echo This script must use the root user!!!
   sleep 2
   exit 0
fi
#Define DIR and mkdir DIR 判断目录是否存在,不存在则新建
if
   [ !  -d  $BAKDIR ];then
   mkdir  -p  $BAKDIR
fi
#Use mysqldump backup Databases
/usr/bin/mysqldump -u$MYSQLUSR -p$MYSQLPW -d $MYSQLDB >$BAKDIR/
webapp_db.sql
echo  "The mysql backup successfully"
```

1.7 LNMP 一键自动化安装脚本

前文介绍了 if 语句和变量，现基于这些知识，介绍一键源码安装 LNMP 脚本。

编写脚本应养成先分解脚本的各个功能的习惯，以利于快速写出更高效的脚本。

一键源码安装 LNMP 脚本，可以拆分为如下步骤。

（1）LNMP 打印菜单。

① 安装 Nginx Web 服务。

② 安装 MySQL DB 服务。

③ 安装 PHP Web 服务。

④ 整合 LNMP 架构。

⑤ 启动 LNMP 服务。

（2）编写 LNMP 一键部署脚本，前提要熟练手动方式部署 LNMP 架构。auto_install_lnmp_v1.sh 脚本代码如下：

```
#!/bin/bash
#2021年5月30日19:28:15
#auto install LNMP Web
#by author www.jfedu.net
######################
#Install Nginx Web
yum install -y wget gzip tar make gcc
yum install -y pcre pcre-devel zlib-devel
wget -c http://nginx.org/download/nginx-1.16.0.tar.gz
tar zxf nginx-1.16.0.tar.gz
cd nginx-1.16.0
useradd -s /sbin/nologin www -M
./configure --prefix=/usr/local/nginx --user=www --group=www --with-http_
stub_status_module
make && make install
/usr/local/nginx/sbin/nginx
setenforce 0
systemctl stop firewalld.service

#Install MySQL database
cd ../
yum install -y gcc-c++ ncurses-devel cmake make perl gcc autoconf
yum install -y automake zlib libxml2 libxml2-devel libgcrypt libtool bison
wget -c http://mirrors.163.com/mysql/Downloads/MySQL-5.6/mysql-5.6.51.tar.gz
tar -xzf mysql-5.6.51.tar.gz
cd mysql-5.6.51
cmake  . -DCMAKE_INSTALL_PREFIX=/usr/local/mysql56/ \
-DMYSQL_UNIX_ADDR=/tmp/mysql.sock \
-DMYSQL_DATADIR=/data/mysql \
-DSYSCONFDIR=/etc \
-DMYSQL_USER=mysql \
-DMYSQL_TCP_PORT=3306 \
-DWITH_XTRADB_STORAGE_ENGINE=1 \
-DWITH_INNOBASE_STORAGE_ENGINE=1 \
-DWITH_PARTITION_STORAGE_ENGINE=1 \
-DWITH_BLACKHOLE_STORAGE_ENGINE=1 \
-DWITH_MYISAM_STORAGE_ENGINE=1 \
-DWITH_READLINE=1 \
-DENABLED_LOCAL_INFILE=1 \
-DWITH_EXTRA_CHARSETS=1 \
```

```
-DDEFAULT_CHARSET=utf8 \
-DDEFAULT_COLLATION=utf8_general_ci \
-DEXTRA_CHARSETS=all \
-DWITH_BIG_TABLES=1 \
-DWITH_DEBUG=0
make
make install
#Config MySQL Set System Service
cd /usr/local/mysql56/
\cp support-files/my-large.cnf /etc/my.cnf
\cp support-files/mysql.server /etc/init.d/mysqld
chkconfig --add mysqld
chkconfig --level 35 mysqld on
mkdir  -p  /data/mysql
useradd  mysql
/usr/local/mysql56/scripts/mysql_install_db --user=mysql --datadir=/data/
mysql/ --basedir=/usr/local/mysql56/
ln  -s  /usr/local/mysql56/bin/* /usr/bin/
service  mysqld  restart
#Install PHP Web 2021
cd ../
yum install libxml2 libxml2-devel -y
wget http://mirrors.sohu.com/php/php-5.6.28.tar.bz2
tar jxf  php-5.6.28.tar.bz2
cd php-5.6.28
./configure --prefix=/usr/local/php5 --with-config-file-path=/usr/local/
php5/etc --with-mysql=/usr/local/mysql56/ --enable-fpm
make
make install

#Config LNMP Web and Start Server
cp  php.ini-development   /usr/local/php5/etc/php.ini
cp  /usr/local/php5/etc/php-fpm.conf.default  /usr/local/php5/etc/php-
fpm.conf
cp sapi/fpm/init.d.php-fpm /etc/init.d/php-fpm
chmod o+x /etc/init.d/php-fpm
/etc/init.d/php-fpm start

cat>/usr/local/nginx/conf/nginx.conf<<EOF
worker_processes  1;
```

```
events {
    worker_connections  1024;
}
http {
    include       mime.types;
    default_type  application/octet-stream;
    sendfile        on;
    keepalive_timeout  65;
    server {
        listen       80;
        server_name  localhost;
        location / {
            fastcgi_pass   127.0.0.1:9000;
            fastcgi_index  index.php;
            fastcgi_param  SCRIPT_FILENAME  $document_root$fastcgi_script_name
            include        fastcgi_params;
        }

    location ~ .*\.(php|jsp|cgi)$
        {
        fastcgi_pass   127.0.0.1:9000;
            fastcgi_index  index.php;
            fastcgi_param  SCRIPT_FILENAME  $document_root$fastcgi_script_name;
            include        fastcgi_params;
        }

    location ~ .*\.(htm|html|png|jpeg|gif|txt|js|css|doc)$
    {
        root html;
        expires 30d;
    }
    }
}
EOF
echo "
<?php
phpinfo();
?>">/usr/local/nginx/html/index.php
/usr/local/nginx/sbin/nginx -s reload
```

1.8 for 循环语句实战

for 循环语句主要用于对某个数据域进行循环读取、对文件进行遍历，通常用于循环某个文件或者列表。其语法格式以 for…do 开头，以 done 结尾。语法格式如下：

```
for  var  in  （表达式）
do
   语句 1
done
```

for 循环语句 Shell 脚本编程案例如下。

（1）循环打印百度、淘宝和腾讯企业官网。

```
#!/bin/bash
#By author jfedu.net 2021
for  website  in  www.baidu.com www.taobao.com www.qq.com
do
   echo  $website
done
```

（2）循环打印 1～100 的数字。

```
#!/bin/bash
#By author jfedu.net 2021
for   i   in  'seq 1 100'                         #seq 表示列出数据范围
do
   echo  "NUM is $i"
done
```

（3）求 1～100 的总和。

```
#!/bin/bash
#By author jfedu.net 2021
#auto sum 1 100
j=0
for  ((i=1;i<=100;i++))
do
    j='expr $i + $j'
done
echo $j
```

（4）对系统日志文件进行分组打包。

```
#!/bin/bash
#By author jfedu.net 2021
for  i  in  'find /var/log  -name "*.log"'
do
   tar  -czf  2021_log$i.tgz  $i
done
```

（5）批量远程主机文件传输。

```
#!/bin/bash
#auto scp files for client
#By author jfedu.net 2021
for i in 'seq 100 200'
do
   scp -r /tmp/jfedu.txt root@192.168.1.$i:/data/webapps/www
done
```

（6）批量远程主机执行命令。

```
#!/bin/bash
#auto scp files for client
#By author jfedu.net 2021
for i in 'seq 100 200'
do
      ssh -l  root 192.168.1.$i 'ls /tmp'
done
```

（7）打印 10s 等待提示。

```
for ((j=0;j<=10;j++))
do
    echo  -ne  "\033[32m-\033[0m"
    sleep 1
done
echo
```

1.9 while 循环语句实战

while 循环语句与 for 循环功能类似，主要用于对某个数据域进行循环读取、对文件进行遍历，通常用于循环某个文件或者列表，满足循环条件会一直循环，不满足则退出循环。其语法格式以 while…do 开头，以 done 结尾。语法格式如下：

```
while (表达式)
do
        语句 1
done
```

while 循环语句 Shell 脚本编程案例如下。

（1）循环打印百度、淘宝、腾讯企业官网。

```
#!/bin/bash
#By author jfedu.net 2021
while read line                    #read 指令用于读取行或读取变量
do
    echo $line
done <jfedu.txt
```

其中 jfedu.txt 内容为：

```
www.baidu.com
www.taobao.com
www.qq.com
```

（2）循环每秒输出 Hello World。

```
#!/bin/bash
#By author jfedu.net 2021
while sleep 1
do
    echo -e "\033[32mHello World.\033[0m"
done
```

其中 jfedu.txt 内容为：

```
www.baidu.com
www.taobao.com
www.qq.com
```

（3）打印 1 ~ 100 的数字。

```
#!/bin/bash
#By author jfedu.net 2021
i=0
while ((i<=100))                #此处只打印 1 ~ 100，并没有一直循环，当 i≤100 时结束
do
        echo  $i
        i='expr $i + 1'         #expr 用于运算逻辑工具
done
```

（4）求 1～100 的总和。

```
#!/bin/bash
#By author jfedu.net 2021
#auto sum 1 100
j=0
i=1
while ((i<=100))
do
    j='expr $i + $j'
    ((i++))
done
echo $j
```

（5）逐行读取文件。

```
#!/bin/bash
#By author jfedu.net 2021
while read line
do
   echo  $line;
done  < /etc/hosts
```

（6）判断输入 IP 是否正确。

```
#!/bin/bash
#By author jfedu.net 2021
#Check  IP  Address
read -p "Please enter ip Address,example 192.168.0.11 ip": IPADDR
echo $IPADDR|grep -v "[Aa-Zz]"|grep --color -E "([0-9]{1,3}\.){3}[0-9]{1,3}"
while [ $? -ne 0 ]
do
      read -p "Please enter ip Address,example 192.168.0.11 ip": IPADDR
      echo $IPADDR|grep -v "[Aa-Zz]"|grep --color -E "([0-9]{1,3}\.)
{3}[0-9]{1,3}"
done
```

（7）每 5s 循环一次判断/etc/passwd 是否被非法修改。

```
#!/bin/bash
#Check File to change
#By author jfedu.net 2021
FILES="/etc/passwd"
while true
```

```
do
        echo "The Time is 'date +%F-%T'"
        OLD='md5sum $FILES|cut -d" " -f 1'
        sleep 5
        NEW='md5sum $FILES|cut -d" " -f 1'
        if [[ $OLD != $NEW ]];then
                echo "The $FILES has been modified."
        fi
done
```

（8）每 10s 循环一次判断 jfedu 用户是否登录系统。

```
#!/bin/bash
#Check File to change
#By author jfedu.net 2021
USERS="jfedu"
while true
do
        echo "The Time is 'date +%F-%T'"
        sleep 10
        NUM='who|grep "$USERS"|wc -l'
        if [[ $NUM -ge 1 ]];then
                echo "The $USERS is login in system."
        fi
done
```

1.10　case 选择语句实战

case 选择语句主要用于对多个选择条件进行匹配输出，与 if…elif 语句结构类似，通常用于脚本传递输入参数，打印出输出结果及内容，其语法格式以 case…in 开头，以 esac 结尾。语法格式如下：

```
#!/bin/bash
#By author jfedu.net 2021
case  $1  in
    Pattern1)
    语句 1
    ;;
    Pattern2)
    语句 2
```

```
    ;;
    Pattern3)
    语句 3
    ;;
esac
```

case 条件语句 Shell 脚本编程案例如下。

（1）打印 monitor 及 archive 选择菜单。

```
#!/bin/bash
#By author jfedu.net 2021
case $1 in
        monitor)
        monitor_log
        ;;
        archive)
        archive_log
        ;;
        help)
        echo -e "\033[32mUsage:{$0 monitor | archive |help }\033[0m"
        ;;
        *)
        echo -e "\033[32mUsage:{$0 monitor | archive |help }\033[0m "
esac
```

（2）自动修改 IP 脚本菜单。

```
#!/bin/bash
#By author jfedu.net 2021
case $i in
                modify_ip)
                change_ip
                ;;
                modify_hosts)
                change_hosts
                ;;
                exit)
                exit
                ;;
                *)
                echo -e "1) modify_ip\n2) modify_ip\n3)exit"
esac
```

1.11　select 选择语句实战

select 语句一般用于选择，常用于选择菜单的创建，可以配合 PS3 做打印菜单的输出信息，其语法格式以 select…in do 开头，以 done 结尾。

```
select i in （表达式）
do
      语句
done
```

select 选择语句 Shell 脚本编程案例如下。

（1）打印开源操作系统选择。

```
#!/bin/bash
#By author jfedu.net 2021
PS3="What you like most of the open source system?"
select i in CentOS RedHat Ubuntu
do
    echo "Your Select System: "$i
done
```

（2）打印 LAMP 选择菜单。

```
#!/bin/bash
#By author jfedu.net 2021
PS3="Please enter you select install menu:"
select i in http php mysql quit
do
case $i in
        http)
        echo Test Httpd.
        ;;
        php)
        echo Test PHP.
        ;;
        mysql)
        echo Test MySQL.
        ;;
        quit)
        echo The System exit.
        exit
```

```
esac
done
```

1.12 Shell 编程函数实战

Shell 允许将一组命令集或语句形成一个可用块，这些块称为 Shell 函数。Shell 函数的优点在于只需定义一次，后期即可随时使用，无须在 Shell 脚本中添加重复的语句块，其语法格式以“function name(){”开头，以“}”结尾。

Shell 编程函数默认不能将参数传入“( )”内部，Shell 函数参数跟随函数名称传递，例如 name args1 args2。

```
function name (){
        command1
        command2
        ........
}
name args1 args2
```

（1）创建 Apache 软件安装函数，给函数 Apache_install 传递参数 1。

```
#!/bin/bash
#auto install LAMP
#By author jfedu.net 2021
#Httpd define path variable
H_FILES=httpd-2.2.31.tar.bz2
H_FILES_DIR=httpd-2.2.31
H_URL=http://mirrors.cnnic.cn/apache/httpd/
H_PREFIX=/usr/local/apache2/
function Apache_install()
{
#Install httpd Web Server
if [[ "$1" -eq "1" ]];then
    wget -c $H_URL/$H_FILES &&  tar -jxvf $H_FILES && cd $H_FILES_DIR &&./
configure --prefix=$H_PREFIX
    if [ $? -eq 0 ];then
        make && make install
        echo -e "\n\033[32m-----------------------------------------------\
033[0m"
        echo -e "\033[32mThe $H_FILES_DIR Server Install Success!\033[0m"
    else
```

```
        echo -e "\033[32mThe $H_FILES_DIR Make or Make install ERROR,Please
Check......"
        exit 0
    fi
fi
}
Apache_install 1
```

（2）创建 judge_ip 函数判断 IP 函数。

```
#!/bin/bash
#By author jfedu.net 2021
judge_ip(){
        read -p "Please enter ip Address,example 192.168.0.11 ip": IPADDR
        echo $IPADDR|grep -v "[Aa-Zz]"|grep --color -E "([0-9]{1,3}\.)
{3}[0-9]{1,3}"
}
judge_ip
```

1.13　Shell 编程“四剑客”

1.13.1　find

通过以上基础语法的学习，读者对 Shell 编程应有了更进一步的理解，Shell 编程不再是简单命令的堆积，而是演变成了各种特殊的语句、语法、编程工具、命令的集合。

在 Shell 编程工具中，“四剑客”工具的使用更加广泛。Shell 编程“四剑客”包括 find、sed、grep 和 awk。熟练掌握“四剑客”会使 Shell 编程能力得到极大的提升。

find 工具主要用于操作系统文件和目录的查找，其语法参数格式如下：

```
find   path   -option   [   -print ]   [ -exec   -ok   command ]   { } \;
```

其中 option 常用参数详解如下：

```
-name   filename          #查找名为 filename 的文件
-type    b/d/c/p/l/f      #查是块设备、目录、字符设备、管道、符号链接、普通文件
-size      n[c]           #查长度为 n 块[或 n 字节]的文件
-perm                     #按执行权限查找
-user    username         #按文件属主查找
-group   groupname        #按组查找
-mtime    -n +n           #按文件更改时间查找文件,-n 指 n 天以内,+n 指 n 天以前
-atime    -n +n           #按文件访问时间查找文件
-ctime    -n +n           #按文件创建时间查找文件
-mmin     -n +n           #按文件更改时间查找文件,-n 指 n min 以内,+n 指 n min 以前
```

```
-amin     -n +n                                      #按文件访问时间查找文件
-cmin     -n +n                                      #按文件创建时间查找文件
-nogroup                                             #查无有效属组的文件
-nouser                                              #查无有效属主的文件
-newer   f1 !f2                                      #找文件,-n 指 n 天以内,+n 指 n 天以前
-depth                                               #使查找在进入子目录前先行查找完本目录
-fstype                                              #查更改时间比 f1 新但比 f2 旧的文件
-mount                                               #查文件时不跨越文件系统 mount 点
-follow                                              #如果遇到符号链接文件,就跟踪链接所指的文件
-cpio                                                #查位于某一类型文件系统中的文件
-prune                                               #忽略某个目录
-maxdepth                                            #查找目录级别深度
```

（1）find 工具-name 参数案例如下：

```
find   /data/    -name    "*.txt"          #查找/data/目录以.txt 结尾的文件
find   /data/    -name    "[A-Z]*"         #查找/data/目录以大写字母开头的文件
find   /data/    -name    "test*"          #查找/data/目录以 test 开头的文件
```

（2）find 工具-type 参数案例如下：

```
find   /data/    -type d                             #查找/data/目录下的文件夹
find   /data/    !   -type   d                       #查找/data/目录下的非文件夹
find   /data/    -type l                             #查找/data/目录下的链接文件
find  /data/ -type d|xargs chmod 755 -R              #查目录类型并将权限设置为 755
find  /data/ -type f|xargs chmod 644 -R              #查文件类型并将权限设置为 644
```

（3）find 工具-size 参数案例如下：

```
find   /data/    -size   +1M               #查找大于 1MB 的文件
find   /data/    -size   10M               #查找大小为 10MB 的文件
find   /data/    -size   -1M               #查找小于 1MB 的文件
```

（4）find 工具-perm 参数案例如下：

```
find   /data/    -perm   755               #查找/data/目录权限为 755 的文件或目录
find   /data/    -perm   -007              #与-perm 777 相同,表示所有权限
find   /data/    -perm   +644              #文件权限符号 644 以上
```

（5）find 工具-mtime 参数案例如下：

```
atime,access time                                    #文件被读取或者执行的时间
ctime,change time                                    #文件状态改变时间
mtime,modify time                                    #文件内容被修改的时间
find /data/ -mtime +30  -name    "*.log"             #查找 30 天以前的 log 文件
find /data/ -mtime -30  -name    "*.txt"             #查找 30 天以内的 log 文件
```

```
find /data/ -mtime 30   -name   "*.txt"     #查找第 30 天的 log 文件
find /data/ -mmin  +30  -name   "*.log"     #查找 30min 以前修改的 log 文件
find /data/ -amin  -30  -name   "*.txt"     #查找 30min 以内被访问的 log 文件
find /data/ -cmin  30   -name   "*.txt"     #查找第 30min 改变的 log 文件
```

（6）find 工具参数综合案例如下：

```
#查找/data 目录以.log 结尾,文件大于 10KB 的文件,同时复制到/tmp 目录
find /data/ -name "*.log"  -type f  -size +10k -exec cp {} /tmp/ \;
#查找/data 目录以.txt 结尾,文件大于 10KB 的文件,权限为 644 并删除该文件
find /data/ -name "*.log"  -type f  -size +10k  -m perm 644 -exec rm -rf {} \;
#查找/data 目录以.log 结尾、30 天以前的、大于 10MB 的文件并移动到/tmp 目录
find /data/ -name "*.log"  -type f  -mtime +30 -size +10M -exec mv {} /tmp/ \;
```

1.13.2　sed

sed 是一个非交互式文本编辑器，它可对文本文件和标准输入进行编辑，标准输入可以来自键盘输入、文本重定向、字符串、变量，甚至可以来自管道的文本。与 VIM 编辑器类似，它一次处理一行内容，可以编辑一个或多个文件，简化对文件的反复操作、编写转换程序等。

在处理文本时把当前处理的行存储在临时缓冲区中，称为“模式空间（pattern space）”，紧接着用 sed 命令处理缓冲区中的内容，处理完成后把缓冲区的内容输出至屏幕或写入文件。

逐行处理直到文件末尾，然而如果打印在屏幕上，实质文件内容并没有改变，除非使用重定向存储输出或写入文件。其语法参数格式如下：

```
sed   [-Options]     ['Commands']    filename;
#sed 工具默认处理文本,文本内容输出屏幕已经修改,但是文件内容其实没有修改,需要加-i 参
#数对文件彻底修改
x                              #x 为指定行号
x,y                            #指定从 x 到 y 的行号范围
/pattern/                      #查询包含模式的行
/pattern/pattern/              #查询包含两个模式的行
/pattern/,x                    #从与 pattern 的匹配行到 x 号行之间的行
x,/pattern/                    #从 x 号行到与 pattern 的匹配行之间的行
x,y!                           #查询不包括 x 和 y 行号的行
r                              #从另一个文件中读文件
w                              #将文本写入到一个文件
y                              #变换字符
q                              #第一个模式匹配完成后退出
```

```
l                           #显示与八进制 ASCII 码等价的控制字符
{}                          #在定位行执行的命令组
p                           #打印匹配行
=                           #打印文件行号
a\                          #在定位行号之后追加文本信息
i\                          #在定位行号之前插入文本信息
d                           #删除定位行
c\                          #用新文本替换定位文本
s                           #使用替换模式替换相应模式
n                           #读取下一个输入行,用下一个命令处理新的行
N                           #将当前读入行的下一行读取到当前模式空间
h                           #将模式缓冲区的文本复制到保持缓冲区
H                           #将模式缓冲区的文本追加到保持缓冲区
x                           #互换模式缓冲区和保持缓冲区的内容
g                           #将保持缓冲区的内容复制到模式缓冲区
G                           #将保持缓冲区的内容追加到模式缓冲区
```

常用 sed 工具企业演练案例如下。

（1）替换 jfedu.txt 文本中的 old 为 new。

```
sed    's/old/new/g'      jfedu.txt
```

（2）打印 jfedu.txt 文本中的第 1～3 行。

```
sed    -n  '1,3p'         jfedu.txt
```

（3）打印 jfedu.txt 文本中的第 1 行与最后一行。

```
sed    -n '1p;$p'         jfedu.txt
```

（4）删除 jfedu.txt 第 1～3 行，删除匹配行至最后一行。

```
sed      '1,3d'           jfedu.txt
sed      '/jfedu/,$d'     jfedu.txt
```

（5）删除 jfedu.txt 最后 6 行及删除最后一行。

```
for  i  in 'seq 1 6';do  sed  -i   '$d'  jfedu.txt ;done
sed      '$d'             jfedu.txt
```

（6）删除 jfedu.txt 最后一行。

```
sed      '$d'             jfedu.txt
```

（7）在 jfedu.txt 查找 jfedu 所在行，并在其下一行添加 word 字符，a 表示在其下一行添加字符串。

```
sed   '/jfedu/aword'     jfedu.txt
```

（8）在 jfedu.txt 查找 jfedu 所在行，并在其上一行添加 word 字符，i 表示在其上一行添加字符串。

```
sed   '/jfedu/iword'     jfedu.txt
```

（9）在 jfedu.txt 查找以 test 结尾的行尾添加字符串 word，$表示结尾标识，&在 sed 中表示添加。

```
sed  's/test$/&word/g'    jfedu.txt
```

（10）在 jfedu.txt 查找 www 的行，在其行首添加字符串 word，^表示起始标识，&在 sed 中表示添加。

```
sed  '/www/s/^/&word/'   jfedu.txt
```

（11）多个 sed 命令组合，使用-e 参数。

```
sed  -e  '/www.jd.com/s/^/&1./'  -e  's/www.jd.com$/&./g'  jfedu.txt
```

（12）多个 sed 命令组合，使用分号“;”分隔。

```
sed  -e  '/www.jd.com/s/^/&1./;s/www.jd.com$/&./g'  jfedu.txt
```

（13）sed 读取系统变量，变量替换。

```
WEBSITE=WWW.JFEDU.NET
sed  "s/www.jd.com/$WEBSITE/g" jfedu.txt
```

（14）修改 Selinux 策略 enforcing 为 disabled，查找/SELINUX/行，然后将其行 enforcing 值改成 disabled、!s 表示不包括 SELINUX 行。

```
sed  -i   '/SELINUX/s/enforcing/disabled/g' /etc/selinux/config
sed  -i   '/SELINUX/!s/enforcing/disabled/g' /etc/selinux/config
```

通常而言，sed 将待处理的行读入模式空间，脚本中的命令逐行进行处理，直到脚本执行完毕，然后该行被输出，模式空间清空；重复上述动作，文件中的新的一行被读入，直到文件处理完毕。

如果希望在某个条件下脚本中的某个命令被执行，或者希望模式空间得到保留以便下一次处理，都可以使 sed 在处理文件时不按照正常的流程来进行。这时可以使用 sed 高级语法来满足用户需求。sed 高级命令可以分为 3 种功能。

（1）N、D、P：处理多行模式空间的问题。

（2）H、h、G、g、x：将模式空间的内容放入存储空间以便接下来的编辑。

（3）:、b、t：在脚本中实现分支与条件结构。

① 在 jfedu.txt 每行后加入空行，每行后插入一行空行。

```
sed    '/^$/d;G'              jfedu.txt
```

② 将 jfedu.txt 偶数行删除及隔两行删除一行。

```
sed   'n;d'                   jfedu.txt
sed   'n;n;d'                 jfedu.txt
```

③ 在 jfedu.txt 匹配行前一行、后一行插入空行，同时在匹配前后插入空行。

```
sed  '/jfedu/{x;p;x;}'        jfedu.txt
sed  '/jfedu/G'               jfedu.txt
sed  '/jfedu/{x;p;x;G;}'      jfedu.txt
```

④ 在 jfedu.txt 每行后加入空行，即每行占据两行空间，每一行后插入空行。

```
sed '/^$/d;G'                 jfedu.txt
```

⑤ 在 jfedu.txt 每行前加入顺序数字序号，加上制表符\t 及“.”符号。

```
sed = jfedu.txt| sed 'N;s/\n/ /'
sed = jfedu.txt| sed 'N;s/\n/\t/'
sed = jfedu.txt| sed 'N;s/\n/\./'
```

⑥ 删除 jfedu.txt 行前和行尾的任意空格。

```
sed 's/^[ \t]*//;s/[ \t]*$//'  jfedu.txt
```

⑦ 打印 jfedu.txt 关键词 old 与 new 之间的内容。

```
sed -n '/old/,/new/'p         jfedu.txt
```

⑧ 打印及删除 jfedu.txt 最后两行。

```
sed   '$!N;$!D'               jfedu.txt
sed   'N;$!P;$!D;$d'          jfedu.txt
```

⑨ 合并上下两行，即两行合并。

```
sed    '$!N;s/\n/ /'          jfedu.txt
sed    'N;s/\n/ /'            jfedu.txt
```

1.13.3　awk

awk 是一个优良的文本处理工具，是 Linux 及 UNIX 环境中现有的功能最强大的数据处理引擎之一，以 Aho、Weinberger、Kernighan 三位发明者名字首字母命名。awk 是一个行级文本高效处理工具。awk 经过改进生成的新的版本有 Nawk、Gawk，一般 Linux 默认为 Gawk，Gawk 是 awk 的 GNU 开源免费版本。

awk 的基本原理是逐行处理文件中的数据，查找与命令行中所给定内容相匹配的模式，如果发现匹配内容，则进行下一个编程步骤；如果找不到匹配内容，则继续处理下一行。awk 常用参数、变量、函数详解如下：

```
awk   'pattern   +   {action}'    file
```

（1）awk 基本语法参数详解。

① 单引号' '是为了和 Shell 命令区分开。

② 大括号{ }表示一个命令分组。

③ pattern 是一个过滤器，表示匹配 pattern 条件的行才进行 action 处理。

④ action 是处理动作，常见动作为 print。

⑤ 使用#作为注释，pattern 和 action 可以只有其一，但不能二者都没有。

（2）awk 内置变量详解。

```
FS                                       #分隔符,默认是空格
OFS                                      #输出分隔符
NR                                       #当前行数,从 1 开始
NF                                       #当前记录字段个数
$0                                       #当前记录
$1~$n                                    #当前记录第 n 个字段(列)
```

（3）awk 内置函数详解。

```
gsub(r,s)                                #在$0 中用 s 代替 r
index(s,t)                               #返回 s 中 t 的第一个位置
length(s)                                #s 的长度
match(s,r)                               #s 是否匹配 r
split(s,a,fs)                            #在 fs 上将 s 分成序列 a
substr(s,p)                              #返回 s 从 p 开始的子串
```

（4）awk 常用操作符、运算符及判断符详解。

```
++ --                                      #增加与减少(前置或后置)
^ **                                       #指数(右结合性)
! + -                                      #非、一元(unary) 加号、一元减号
+ - * / %                                  #加、减、乘、除、余数
< <= == != > >=                            #数字比较
&&                                         #逻辑 and
||                                         #逻辑 or
= += -= *= /= %= ^= **=                    #赋值
```

（5）awk 与流程控制语句。

```
if(condition) { } else { }
while { }
do{ }while(condition)
for(init;condition;step){ }
break/continue
```

常用 awk 工具企业演练案例如下。

（1）awk 打印硬盘设备名称，默认以空格分隔。

```
df   -h|awk  '{print  $1}'
```

（2）awk 以空格、冒号、\t、分号分隔。

```
awk  -F '[ :\t;]'  '{print  $1}'            jfedu.txt
```

（3）awk 以冒号分隔，打印第 1 列，同时将内容追加到/tmp/awk.log 下。

```
awk  -F:  '{print $1 >>"/tmp/awk.log"}'     jfedu.txt
```

（4）打印 jfedu.txt 文件中的第 3～5 行，NR 表示打印行，$0 表示文本所有域。

```
awk 'NR==3,NR==5  {print}'                  jfedu.txt
awk 'NR==3,NR==5  {print $0}'               jfedu.txt
```

（5）打印 jfedu.txt 文件中的第 3～5 行的第 1 列与最后一列。

```
awk 'NR==3,NR==5 {print $1,$NF}'            jfedu.txt
```

（6）打印 jfedu.txt 文件中长度大于 80 的行号。

```
awk   'length($0)>80 {print NR}'            jfedu.txt
```

（7）awk 引用 Shell 变量，使用-v 或双引号+单引号即可。

```
awk -v STR=hello  '{print STR,$NF}'         jfedu.txt
STR="hello";echo| awk  '{print "'${STR}'";}'
```

（8）awk 以冒号分隔，打印第 1 列同时只显示前 5 行。

```
cat /etc/passwd|head -5|awk -F: '{print $1}'
awk -F: 'NR>=1&&NR<=5 {print $1}' /etc/passwd
```

（9）awk 指定文件 jfedu.txt 第 1 列的总和。

```
cat jfedu.txt |awk '{sum+=$1}END{print sum}'
```

（10）awk NR 行号除以 2 余数为 0 则跳过该行，继续执行下一行，打印至屏幕。

```
awk -F: 'NR%2==0 {next} {print NR,$1}' /etc/passwd
```

（11）awk 添加自定义字符。

```
ifconfig eth0|grep "Bcast"|awk '{print "ip_"$2}'
```

（12）awk 格式化输出 passwd 内容，printf 打印字符串，%格式化输出分隔符，s 表示字符串类型，–12 表示 12 个字符，–6 表示 6 个字符。

```
awk -F: '{printf "%-12s %-6s %-8s\n",$1,$2,$NF}' /etc/passwd
```

（13）awk OFS 输出格式化\t。

```
netstat -an|awk '$6 ~ /LISTEN/&&NR>=1&&NR<=10 {print NR,$4,$5,$6}' OFS="\t"
```

（14）awk 与 if 组合实战，判断数字比较。

```
echo 3 2 1 | awk '{ if(($1>$2)||($1>$3)) { print $2} else {print $1} }'
```

（15）awk 与数组组合实战，统计 passwd 文件用户数。

```
awk -F ':' 'BEGIN {count=0;} {name[count] = $1;count++;}; END{for (i = 0;
i < NR; i++) print i, name[i]}' /etc/passwd
```

（16）awk 分析 Nginx 访问日志的状态码 404、502 等错误信息页面，统计次数大于 20 的 IP 地址。

```
awk '{if ($9~/502|499|500|503|404/) print $1,$9}' access.log|sort|uniq -
c|sort -nr | awk '{if($1>20) print $2}'
```

（17）用/etc/shadow 文件中的密文部分替换/etc/passwd 中的"x"位置，生成新的/tmp/passwd 文件。

```
awk 'BEGIN{OFS=FS=":"} NR==FNR{a[$1]=$2}NR>FNR{$2=a[$1];print >>"/tmp/
passwd"}' /etc/shadow /etc/passwd
```

（18）awk 统计服务器状态连接数。

```
netstat -an | awk '/tcp/ {s[$NF]++} END {for(a in s) {print a,s[a]}}'
netstat -an | awk '/tcp/ {print $NF}' | sort | uniq -c
```

1.13.4 grep

全面搜索正则表达式（Global search Regular Expression and Print out the line，GREP）是一种强大的文本搜索工具，它能使用正则表达式搜索文本，并把匹配的行打印出来。

UNIX/Linux 的 grep 家族包括 grep、egrep 和 fgrep，其中 egrep 和 fgrep 的命令跟 grep 有细微的区别：egrep 是 grep 的扩展，支持更多的 re 元字符；fgrep 是 fixed grep 或 fast grep 的简写，它们把所有的字母都看作单词，正则表达式中的元字符表示其自身的字面意义，不再有其他特殊的含义，一般使用比较少。

目前 Linux 操作系统默认使用 GNU 版本的 grep。它的功能更强，可以通过-G、-E、-F 命令行选项使用 egrep 和 fgrep 的功能。其语法格式及常用参数详解如下：

```
grep    -[acinv]    'word'    Filename
```

grep 常用参数详解如下：

```
-a                            #以文本文件方式搜索
-c                            #计算找到符合行的次数
-i                            #忽略大小写
-n                            #顺便输出行号
-v                            #反向选择,即显示不包含匹配文本的所有行
-h                            #查询多文件时不显示文件名
-l                            #查询多文件时只输出包含匹配字符的文件名
-s                            #不显示不存在或无匹配文本的错误信息
-E                            #允许使用 egrep 扩展模式匹配
```

学习 grep 时，需要了解通配符、正则表达式两个概念。通配符主要用在 Linux 的 Shell 命令中，常用于文件或文件名称的操作，而正则表达式则用于文本内容中的字符串搜索和替换，常用在 awk、grep、sed、VIM 工具中对文本的操作。

通配符类型详解如下：

```
*                             #0 个或者多个字符、数字
?                             #匹配任意一个字符
#                             #表示注解
|                             #管道符号
;                             #多个命令连续执行
&                             #后台运行指令
!                             #逻辑运算非
[ ]                           #内容范围,匹配括号中的内容
{ }                           #命令块,多个命令匹配
```

正则表达式详解如下：

```
*                                   #前一个字符匹配 0 次或多次
.                                   #匹配除了换行符以外任意一个字符
.*                                  #代表任意字符
^                                   #匹配行首,即以某个字符开头
$                                   #匹配行尾,即以某个字符结尾
\(..\)                              #标记匹配字符
[]                                  #匹配中括号里的任意指定字符,但只匹配一个字符
[^]                                 #匹配除中括号以外的任意一个字符
\                                   #转义符,取消特殊含义
\<                                  #锚定单词的开始
\>                                  #锚定单词的结束
{n}                                 #匹配字符出现 n 次
{n,}                                #匹配字符出现大于等于 n 次
{n,m}                               #匹配字符至少出现 n 次,最多出现 m 次
\w                                  #匹配文字和数字字符
\W                                  #\w 的反置形式,匹配一个或多个非单词字符
\b                                  #单词锁定符
\s                                  #匹配任何空白字符
\d                                  #匹配一个数字字符,等价于[0-9]
```

常用 grep 工具企业演练案例如下：

```
grep  -c "test"     jfedu.txt       #统计 test 字符总行数
grep  -i "TEST"     jfedu.txt       #不区分大小写查找 test 所有的行
grep  -n "test"     jfedu.txt       #打印 test 的行及行号
grep  -v "test"     jfedu.txt       #不打印 test 的行
grep  "test[53]"    jfedu.txt       #以字符 test 开头,接 5 或 3 的行
grep  "^[^test]"    jfedu.txt       #显示输出行首不是 test 的行
grep  "[Mm]ay"      jfedu.txt       #匹配以 M 或 m 开头的行
grep  "K…D"         jfedu.txt       #匹配 K,3 个任意字符,紧接 D 的行
grep  "[A-Z][9]D"   jfedu.txt       #匹配大写字母,紧跟 9D 的字符行
grep  "T\{2,\}"     jfedu.txt       #打印字符 T 字符连续出现 2 次以上的行
grep  "T\{4,6\}"    jfedu.txt       #打印字符 T 字符连续出现 4 次及 6 次的行
grep  -n "^$"       jfedu.txt       #打印空行的所在的行号
grep  -vE "#|^$"    jfedu.txt       #不匹配文件中的#和空行
grep   --color -ra -E "db|config|sql"  *    #匹配包含 db 或 config 或 sql 的文件
grep   --color -E "\<([0-9]{1,3}\.){3}([0-9]{1,3})\>"  #jfedu.txt 匹配
                                                       #IPv4 地址
```

1.14 Shell 数组编程

数组是相同数据类型的元素按一定顺序排列的集合，把有限个类型相同的变量用一个名字命名，然后用编号区分各变量，这个名称称为数组名，编号称为下标。Linux Shell 编程中常用一维数组。

数组的设计其实为了处理方便，是把具有相同类型的若干变量按有序的形式组织起来的一种形式，可以减少重复频繁的单独定义。图 1-3 所示为三维数组。

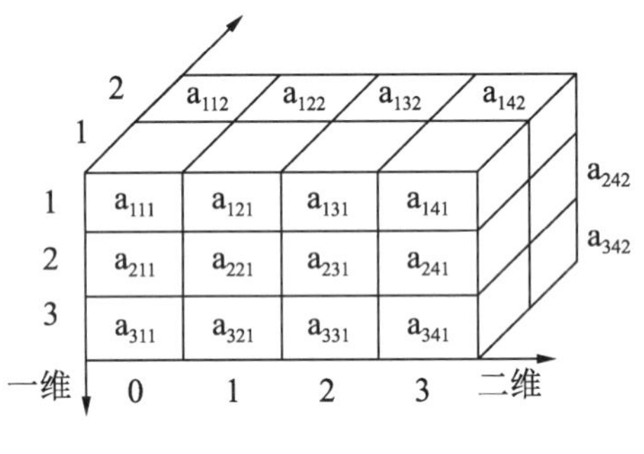

图 1-3 三维数组

数组一般以小括号的方式定义，数组的值可以随机指定。以下为一维数组的定义、统计、引用和删除操作。

（1）一维数组定义及创建。

```
JFTEST=(
        test1
        test2
        test3
)
LAMP=(httpd  php  php-devel php-mysql mysql mysql-server)
```

（2）数组下标一般从 0 开始，以下为引用数组的方法。

```
echo    ${JFTEST[0]}                  #引用第 1 个数组变量,结果打印 test1
echo    ${JFTEST[1]}                  #引用第 2 个数组变量
echo    ${JFTEST[@]}                  #显示该数组所有参数
echo    ${#JFTEST[@]}                 #显示该数组参数个数
echo    ${#JFTEST[0]}                 #显示 test1 字符长度
echo   ${JFTEST[@]:0}                 #打印数组所有的值
```

```
echo   ${JFTEST[@]:1}                          #打印第 2 个值开始的所有值
echo   ${JFTEST[@]:0:2}                        #打印第 1 个值与第 2 个值
echo   ${JFTEST[@]:1:2}                        #打印第 2 个值与第 3 个值
```

（3）数组替换操作。

```
JFTEST=( [0]=www1 [1]=www2 [2]=www3 )          #数组赋值
echo  ${JFTEST[@]/test/jfedu}                  #将数组值 test 替换为 jfedu
NEWJFTEST='echo  ${JFTEST[@]/test/jfedu}'      #将结果赋值新数组
```

（4）数组删除操作。

```
unset array[0]                                 #删除数组第 1 个值
unset array[1]                                 #删除数组第 2 个值
unset array                                    #删除整个数组
```

数组 Shell 脚本企业案例 1：网卡绑定脚本。

```
#!/bin/bash
#Auto Make KVM Virtualization
#Auto config bond scripts
#By author jfedu.net 2021
eth_bond()
{
NETWORK=(
  HWADDR='ifconfig eth0 |egrep "HWaddr|Bcast" |tr "\n" " "|awk '{print
$5,$7,$NF}'|sed -e 's/addr://g' -e 's/Mask://g'|awk '{print $1}''
  IPADDR='ifconfig eth0 |egrep "HWaddr|Bcast" |tr "\n" " "|awk '{print
$5,$7,$NF}'|sed -e 's/addr://g' -e 's/Mask://g'|awk '{print $2}''
  NETMASK='ifconfig eth0 |egrep "HWaddr|Bcast" |tr "\n" " "|awk '{print
$5,$7,$NF}'|sed -e 's/addr://g' -e 's/Mask://g'|awk '{print $3}''
  GATEWAY='route -n|grep "UG"|awk '{print $2}''
)
cat >ifcfg-bond0<<EOF
DEVICE=bond0
BOOTPROTO=static
${NETWORK[1]}
${NETWORK[2]}
${NETWORK[3]}
ONBOOT=yes
TYPE=Ethernet
NM_CONTROLLED=no
EOF
```

数组 Shell 脚本企业案例 2：定义 IPv4 值。

```
#!/bin/bash
#auto Change ip netmask gateway scripts
#By author jfedu.net 2021
ETHCONF=/etc/sysconfig/network-scripts/ifcfg-eth0
HOSTS=/etc/hosts
NETWORK=/etc/sysconfig/network
DIR=/data/backup/'date +%Y%m%d'
NETMASK=255.255.255.0
echo "----------------------------"
count_ip(){
        count=('echo  $IPADDR|awk  -F.  '{print $1,$2,$3,$4}'')
        IP1=${count[0]}
        IP2=${count[1]}
        IP3=${count[2]}
        IP4=${count[3]}
}
```

第 2 章 Shell 编程高级企业实战

企业生产环境中，服务器规模成百上千，如果依靠人工管理和维护，将非常吃力。Shell 编程脚本使管理和维护服务器变得简单、从容，对企业自动化运维之路的建设起到极大的推动作用。

本章将介绍企业生产环境 Shell 编程案例、自动化备份 MySQL 数据、服务器信息收集、防止恶意 IP 访问、LAMP+MySQL 主从实战、千台服务器 IP 修改、Nginx+Tomcat 高级自动化部署脚本、Nginx 虚拟主机配置、Docker 管理平台等。

2.1 Shell 编程 Linux 系统备份脚本

日常企业运维中，需要备份 Linux 操作系统中重要的文件，例如/etc、/boot 分区，重要网站数据等。在备份时，由于数据量非常大，需要指定高效的备份方案，以下为常用的备份数据方案：

（1）每周日进行完整备份，周一 ~ 周六使用增量备份。

（2）每周六进行完整备份，周日 ~ 周五使用增量备份。

企业备份数据的工具主要有 tar、cp、rsync、scp、sersync、dd 等。以下为基于开源 tar 工具实现系统数据备份方案。

tar 工具手动全备份网站，-g 参数指定新的快照文件。

```
tar -g  /tmp/snapshot  -czvf  /tmp/2021_full_system_data.tar.gz  /data/sh/
```

tar 工具手动增量备份网站，-g 参数指定全备已生成的快照文件，后续增量备份基于上一个增量备份快照文件。

```
tar -g  /tmp/snapshot  -czvf  /tmp/2021_add01_system_data.tar.gz /data/sh/
```

tar 工具全备份、增量备份网站，Shell 脚本实现自动打包备份编写思路如下：

（1）系统备份数据按每天存放。

（2）创建完整备份函数块。

（3）创建增量备份函数块。

（4）根据星期数判断完整或增量。

（5）将脚本加入 Crontab 实现自动备份。

tar 工具全备份、增量备份网站，Shell 脚本实现自动打包备份，相关代码如下：

```
#!/bin/bash
#Auto Backup Linux System Files
#By author jfedu.net 2021
#Define Path variables
SOURCE_DIR=(
    $*
)
TARGET_DIR=/data/backup/
YEAR='date +%Y'
MONTH='date +%m'
DAY='date +%d'
WEEK='date +%u'
A_NAME='date +%H%M'
FILES=system_backup.tgz
CODE=$?
if
    [ -z "$*" ];then
    echo -e "\033[32mUsage:\nPlease Enter Your Backup Files or Directories\
n--------------------------------------------\n\nUsage: { $0 /boot /etc}\
033[0m"
    exit
fi
#Determine Whether the Target Directory Exists
if
    [ ! -d $TARGET_DIR/$YEAR/$MONTH/$DAY ];then
    mkdir -p $TARGET_DIR/$YEAR/$MONTH/$DAY
    echo -e "\033[32mThe $TARGET_DIR Created Successfully !\033[0m"
fi
#EXEC Full_Backup Function Command
Full_Backup()
```

```
{
if
    [ "$WEEK" -eq "7" ];then
    rm -rf $TARGET_DIR/snapshot
    cd $TARGET_DIR/$YEAR/$MONTH/$DAY ;tar -g $TARGET_DIR/snapshot -czvf
$FILES ${SOURCE_DIR[@]}
    [ "$CODE" == "0" ]&&echo -e  "--------------------------------------------
-----\n\033[32mThese Full_Backup System Files Backup Successfully !\033[0m"
fi
}
#Perform incremental BACKUP Function Command
Add_Backup()
{
   if
        [ $WEEK -ne "7" ];then
        cd $TARGET_DIR/$YEAR/$MONTH/$DAY ;tar -g $TARGET_DIR/snapshot -czvf
$A_NAME$FILES ${SOURCE_DIR[@]}
        [ "$CODE" == "0" ]&&echo -e  "-----------------------------------------
-----\n\033[32mThese Add_Backup System Files $TARGET_DIR/$YEAR/$MONTH/
$DAY/${YEAR}_$A_NAME$FILES Backup Successfully !\033[0m"
   fi
}
sleep 3
Full_Backup;Add_Backup
```

在 Crontab 任务计划中添加如下语句，每天凌晨 1 点整执行备份脚本即可。

```
0 1 * * * /bin/sh /data/sh/auto_backup.sh /boot /etc/ >> /tmp/back.log
2>&1
```

2.2　Shell 编程收集服务器信息脚本

在企业生产环境中，经常需要对服务器资产进行统计存档，单台服务器可以手动统计服务器的 CPU 型号、内存大小、硬盘容量、网卡流量等，但如果服务器数量超过百台、千台，使用手动方式将变得非常吃力。

Shell 脚本实现自动化服务器硬件信息的收集，并将收集的内容存放在数据库，能更快、更高效地实现对服务器资产信息的管理。Shell 脚本实现服务器信息自动收集的编写思路如下：

（1）创建数据库和表存储服务器信息。

（2）Shell“四剑客”awk、find、sed、grep 获取服务器信息。

（3）将获取的信息写成 SQL 语句。

（4）定期对 SQL 数据进行备份。

（5）将脚本加入 Crontab 实现自动备份。

创建数据库表，创建 SQL 语句如下：

```
CREATE TABLE 'audit_system' (
  'id' int(11) NOT NULL AUTO_INCREMENT,
  'ip_info' varchar(50) NOT NULL,
  'serv_info' varchar(50) NOT NULL,
  'cpu_info' varchar(50) NOT NULL,
  'disk_info' varchar(50) NOT NULL,
  'mem_info' varchar(50) NOT NULL,
  'load_info' varchar(50) NOT NULL,
  'mark_info' varchar(50) NOT NULL,
  PRIMARY KEY ('id'),
  UNIQUE KEY 'ip_info' ('ip_info'),
  UNIQUE KEY 'ip_info_2' ('ip_info')
  );
```

Shell 脚本实现服务器信息自动收集，相关代码如下：

```
#!/bin/bash
#Auto get system info
#By author jfedu.net 2021
#Define Path variables
echo -e "\033[34m \033[1m"
cat <<EOF
++++++++++++++++++++++++++++++++++++++++++++++
++++++++Welcome to use system Collect+++++++++
++++++++++++++++++++++++++++++++++++++++++++++
EOF
ip_info='ifconfig |grep "Bcast"|tail -1 |awk '{print $2}'|cut -d: -f 2'
cpu_info1='cat /proc/cpuinfo |grep 'model name'|tail -1 |awk -F: '{print
$2}'|sed 's/^ //g'|awk '{print $1,$3,$4,$NF}''
cpu_info2='cat /proc/cpuinfo |grep "physical id"|sort |uniq -c|wc -l'
serv_info='hostname |tail -1'
disk_info='fdisk -l|grep "Disk"|grep -v "identifier"|awk '{print $2,$3,
$4}'|sed 's/,//g''
mem_info='free -m |grep "Mem"|awk '{print "Total",$1,$2"M"}''
load_info='uptime |awk '{print "Current Load: "$(NF-2)}'|sed 's/\,//g''
```

```
mark_info='BeiJing_IDC'
echo -e "\033[32m------------------------------------------------\033[1m"
echo IPADDR:${ip_info}
echo HOSTNAME:$serv_info
echo CPU_INFO:${cpu_info1} X${cpu_info2}
echo DISK_INFO:$disk_info
echo MEM_INFO:$mem_info
echo LOAD_INFO:$load_info
echo -e "\033[32m------------------------------------------------\033[0m"
echo -e -n "\033[36mYou want to write the data to the databases? \033[1m" ;
read ensure
if [ "$ensure" == "yes" -o "$ensure" == "y" -o "$ensure" == "Y" ];then
   echo "--------------------------------------------"
   echo -e  '\033[31mmysql -uaudit -p123456 -D audit -e ''' "insert into
audit_system values('','${ip_info}','$serv_info','${cpu_info1} X${cpu_info2}',
'$disk_info','$mem_info','$load_info','$mark_info')" ''' \033[0m '
   mysql -uroot -p123456 -D test -e "insert into audit_system values
('','${ip_info}','$serv_info','${cpu_info1} X${cpu_info2}','$disk_info',
'$mem_info','$load_info','$mark_info')"
else
   echo "Please wait,exit......"
   exit
fi
```

手动读取数据库服务器信息命令：

```
mysql -uroot -p123 -e 'use wugk1 ;select * from audit_audit_system;'|sed
's/-//g'|grep -v "id"
```

2.3　Shell 编程拒绝恶意 IP 登录脚本

企业服务器暴露在外网，每天会有大量的人使用各种用户名和密码尝试登录服务器，如果用户一直尝试，难免会猜出密码。通过开发 Shell 脚本，可以自动将尝试登录服务器错误密码一定次数的 IP 列表加入防火墙配置。

Shell 脚本实现服务器拒绝恶意 IP 登录，编写思路如下：

（1）登录服务器日志/var/log/secure。

（2）检查日志中认证失败一定次数的行并打印其 IP 地址。

（3）将 IP 地址写入防火墙。

（4）禁止该 IP 访问服务器 SSH 22 端口。

（5）将脚本加入 Crontab 实现自动禁止恶意 IP。

Shell 脚本实现服务器拒绝恶意 IP 登录，相关代码如下：

```
#!/bin/bash
#Auto drop ssh failed IP address
#By author jfedu.net 2021
#Define Path variables
SEC_FILE=/var/log/secure
IP_ADDR='awk '{print $0}'  /var/log/secure|grep -i  "fail"| egrep -o "
([0-9]{1,3}\.){3}[0-9]{1,3}" | sort -nr | uniq -c |awk '$1>=15 {print $2}''
IPTABLE_CONF=/etc/sysconfig/iptables
echo
cat <<EOF
++++++++++++++welcome to use ssh login drop failed ip+++++++++++++++++
+++++++++++++++++++++++++++++++++++++++++++++++++++++++++++++++++++++++
++++++++++++++++-------------------------------------------++++++++++++++++++
EOF
echo
for ((j=0;j<=6;j++)) ;do echo -n "-";sleep 1 ;done
echo
for i in 'echo $IP_ADDR'
do
    cat $IPTABLE_CONF |grep $i >/dev/null
if
    [ $? -ne 0 ];then
    sed -i "/lo/a -A INPUT -s $i -m state --state NEW -m tcp -p tcp --dport 22
-j DROP" $IPTABLE_CONF
fi
done
NUM='find /etc/sysconfig/  -name iptables -a -mmin -1|wc -l'
       if [ $NUM -eq 1 ];then
             /etc/init.d/iptables restart
       fi
```

2.4 Shell 编程 LAMP 部署脚本

LAMP 是目前互联网主流 Web 网站架构，通过源码安装、维护和管理单台服务器很轻松，如果服务器数量较多，手动管理就非常困难，Shell 脚本可以更快速地维护 LAMP 架构。

Shell 脚本实现服务器 LAMP 一键源码安装配置，编写思路如下：

（1）利用脚本安装 LAMP 环境。

（2）Apache 安装配置，MySQL、PHP 安装。

（3）源码 LAMP 整合配置。

（4）启动数据库，创建数据库并授权。

（5）重启 LAMP 所有服务，验证访问。

利用 Shell 脚本实现服务器 LAMP 一键源码安装配置，相关代码如下：

```
#!/bin/bash
#Auto install LAMP
#By author jfedu.net 2021
#Define Path variables
#Httpd define path variable
H_FILES=httpd-2.2.32.tar.bz2
H_FILES_DIR=httpd-2.2.32
H_URL=http://mirrors.cnnic.cn/apache/httpd/
H_PREFIX=/usr/local/apache2/
#MySQL define path variable
M_FILES=mysql-5.5.20.tar.gz
M_FILES_DIR=mysql-5.5.20
M_URL=http://down1.chinaunix.net/distfiles/
M_PREFIX=/usr/local/mysql/
#PHP define path variable
P_FILES=php-5.3.28.tar.bz2
P_FILES_DIR=php-5.3.28
P_URL=http://mirrors.sohu.com/php/
P_PREFIX=/usr/local/php5/
function httpd_install(){
if [[ "$1" -eq "1" ]];then
   wget -c $H_URL/$H_FILES &&  tar -jxvf $H_FILES && cd $H_FILES_DIR
&&./configure --prefix=$H_PREFIX
   if [ $? -eq 0 ];then
      make && make install
   fi
fi
}
function mysql_install(){
if [[ "$1" -eq "2" ]];then
wget -c $M_URL/$M_FILES &&  tar -xzvf $M_FILES && cd $M_FILES_DIR &&yum
```

```
install cmake ncurses-devel -y ;cmake . -DCMAKE_INSTALL_PREFIX=$M_PREFIX \
-DMYSQL_UNIX_ADDR=/tmp/mysql.sock \
-DMYSQL_DATADIR=/data/mysql \
-DSYSCONFDIR=/etc \
-DMYSQL_USER=mysql \
-DMYSQL_TCP_PORT=3306 \
-DWITH_XTRADB_STORAGE_ENGINE=1 \
-DWITH_INNOBASE_STORAGE_ENGINE=1 \
-DWITH_PARTITION_STORAGE_ENGINE=1 \
-DWITH_BLACKHOLE_STORAGE_ENGINE=1 \
-DWITH_MYISAM_STORAGE_ENGINE=1 \
-DWITH_READLINE=1 \
-DENABLED_LOCAL_INFILE=1 \
-DWITH_EXTRA_CHARSETS=1 \
-DDEFAULT_CHARSET=utf8 \
-DDEFAULT_COLLATION=utf8_general_ci \
-DEXTRA_CHARSETS=all \
-DWITH_BIG_TABLES=1 \
-DWITH_DEBUG=0
if [ $? -eq 0 ];then
   make && make install
   echo -e "\n\033[32m-----------------------------------------------------\033
[0m"
            echo -e "\033[32mThe $M_FILES_DIR Server Install Success !\
033[0m"
      else
            echo -e "\033[32mThe $M_FILES_DIR Make or Make install
ERROR,Please Check......"
            exit 0
fi
/bin/cp support-files/my-small.cnf  /etc/my.cnf
/bin/cp support-files/mysql.server /etc/init.d/mysqld
chmod +x /etc/init.d/mysqld
chkconfig --add mysqld
chkconfig mysqld on
fi
}
function php_install(){
if [[ "$1" -eq "3" ]];then
      yum install  libxml2-devel  perl-devel  perl  libtool* -y
      wget -c $P_URL/$P_FILES &&  tar -jxvf $P_FILES && cd $P_FILES_DIR
```

```
&&./configure --prefix=$P_PREFIX --with-config-file-path=$P_PREFIX/etc
--with-mysql=$M_PREFIX --with-apxs2=$H_PREFIX/bin/apxs
        if [ $? -eq 0 ];then
                make ZEND_EXTRA_LIBS='-liconv' && make install
                echo -e "\n\033[32m----------------------------------------
-------\033[0m"
                echo -e "\033[32mThe $P_FILES_DIR Server Install Success !\
033[0m"
        else
                echo -e "\033[32mThe $P_FILES_DIR Make or Make install
ERROR,Please Check......"
                exit 0
        fi
fi
}
function lamp_config(){
if [[ "$1" -eq "4" ]];then
    sed -i '/DirectoryIndex/s/index.html/index.php index.html/g' $H_PREFIX/
conf/httpd.conf
    $H_PREFIX/bin/apachectl restart
    echo "AddType     application/x-httpd-php .php" >>$H_PREFIX/conf/httpd.
conf
    IP='ifconfig eth0|grep "Bcast"|awk '{print $2}'|cut -d: -f2'
    echo "You can to access http://$IP/"

cat >$H_PREFIX/htdocs/index.php<<EOF
<?php
phpinfo();
?>
EOF
fi
}
PS3="Please enter you select install menu:"
select i in http mysql php config quit
do

case $i in
    http)
    httpd_install 1
    ;;
    mysql)
```

```
    mysql_install 2
    ;;
    php)
    php_install 3
    ;;
    config)
    lamp_config 4
    ;;
    quit)
    exit
esac
done
```

2.5 Shell 编程 LNMP 部署脚本

Shell 脚本实现 LNMP 部署安装，编写思路如下：

（1）利用脚本的功能，实现安装 LNMP 环境。

（2）Nginx 安装配置，MySQL、PHP 安装。

（3）源码 LNMP 整合配置。

（4）启动数据库，创建数据库并授权。

（5）重启 LNMP 所有服务，验证访问。

相关代码如下：

```
#!/bin/bash
#2019年10月30日19:28:15
#auto install lnmp web.
#by author www.jfedu.net
######################
if [ $1 -eq 1 ];then
    #Install Nginx WEB.
    yum install -y wget gzip tar make gcc
    yum install -y pcre pcre-devel zlib-devel
    wget -c http://nginx.org/download/nginx-1.16.0.tar.gz
    tar zxf nginx-1.16.0.tar.gz
    cd nginx-1.16.0
    useradd -s /sbin/nologin www -M
    ./configure --user=www --group=www --prefix=/usr/local/nginx
    make && make install
```

```
    /usr/local/nginx/sbin/nginx
    setenforce 0
    systemctl stop firewalld.service
fi

if [ $1 -eq 2 ];then
    #Install MySQL Database.
    cd ../
    yum install -y gcc-c++ ncurses-devel cmake make perl gcc autoconf
    yum install -y automake zlib libxml2 libxml2-devel libgcrypt libtool bison
    wget -c http://mirrors.163.com/mysql/Downloads/MySQL-5.6/mysql-5.6.45.
tar.gz
    tar -xzf mysql-5.6.45.tar.gz
    cd mysql-5.6.45
    cmake  .  -DCMAKE_INSTALL_PREFIX=/usr/local/mysql56/ \
    -DMYSQL_UNIX_ADDR=/tmp/mysql.sock \
    -DMYSQL_DATADIR=/data/mysql \
    -DSYSCONFDIR=/etc \
    -DMYSQL_USER=mysql \
    -DMYSQL_TCP_PORT=3306 \
    -DWITH_XTRADB_STORAGE_ENGINE=1 \
    -DWITH_INNOBASE_STORAGE_ENGINE=1 \
    -DWITH_PARTITION_STORAGE_ENGINE=1 \
    -DWITH_BLACKHOLE_STORAGE_ENGINE=1 \
    -DWITH_MYISAM_STORAGE_ENGINE=1 \
    -DWITH_READLINE=1 \
    -DENABLED_LOCAL_INFILE=1 \
    -DWITH_EXTRA_CHARSETS=1 \
    -DDEFAULT_CHARSET=utf8 \
    -DDEFAULT_COLLATION=utf8_general_ci \
    -DEXTRA_CHARSETS=all \
    -DWITH_BIG_TABLES=1 \
    -DWITH_DEBUG=0
    make
    make install
    #Config MySQL Set System Service
    cd /usr/local/mysql56/
    \cp support-files/my-large.cnf /etc/my.cnf
    \cp support-files/mysql.server /etc/init.d/mysqld
    chkconfig --add mysqld
    chkconfig --level 35 mysqld on
```

```
    mkdir -p /data/mysql
    useradd mysql
    /usr/local/mysql56/scripts/mysql_install_db --user=mysql --datadir=/
data/mysql/ --basedir=/usr/local/mysql56/
    ln -s /usr/local/mysql56/bin/* /usr/bin/
    service mysqld restart
fi

if [ $1 -eq 3 ];then
    #Install PHP WEB 2018
    cd ../../
    yum install libxml2 libxml2-devel -y
    wget http://mirrors.sohu.com/php/php-5.6.28.tar.bz2
    tar jxf php-5.6.28.tar.bz2
    cd php-5.6.28
    ./configure --prefix=/usr/local/php5 --with-config-file-path=/usr/
local/php5/etc --with-mysql=/usr/local/mysql56/ --enable-fpm
    make
    make install
fi

if [ $1 -eq 4 ];then
#Config LNMP WEB and Start Server.
cp php.ini-development /usr/local/php5/etc/php.ini
cp /usr/local/php5/etc/php-fpm.conf.default /usr/local/php5/etc/php-
fpm.conf
cp sapi/fpm/init.d.php-fpm /etc/init.d/php-fpm
chmod o+x /etc/init.d/php-fpm
/etc/init.d/php-fpm start
echo "
worker_processes 1;
events {
    worker_connections 1024;
}
http {
    include       mime.types;
    default_type  application/octet-stream;
    sendfile        on;
    keepalive_timeout  65;
    server {
        listen       80;
```

```
        server_name  localhost;
        location / {
            root   html;
            fastcgi_pass   127.0.0.1:9000;
            fastcgi_index  index.php;
            fastcgi_param  SCRIPT_FILENAME  \$document_root\$fastcgi_script_
name;
            include        fastcgi_params;
        }
    }
}" >/usr/local/nginx/conf/nginx.conf

echo "
<?php
phpinfo();
?>">/usr/local/nginx/html/index.php
/usr/local/nginx/sbin/nginx -s reload
fi
```

2.6 Shell 编程 MySQL 主从复制脚本

MySQL 数据库服务器主要应用于动态网站，存放网站必要的数据，例如订单、交易、员工表、薪资等记录。为了实现数据备份，需引入 MySQL 主从架构，MySQL 主从架构脚本可以实现自动化安装、配置和管理。

Shell 脚本实现服务器 MySQL 一键 YUM 安装配置，编写思路如下：

（1）MySQL 主库的操作。

① 在主库上安装 MySQL，并设置参数 server-id、bin-log。

② 授权复制同步的用户，对客户端授权。

③ 确认 bin-log 文件名及 position 位置点。

（2）MySQL 从库的操作。

① 在从库上安装 MySQL，设置参数 server-id。

② change master：指定主库和 bin-log 名和 position。

③ start slave：启动从库 I/O 线程。

④ show slave status\G：查看主从的状态。

Shell 脚本实现服务器 MySQL 一键 YUM 安装配置，需要提前手动授权主库免密码登录从库服务器，相关代码如下：

```
#!/bin/bash
#Auto install Mysql AB Replication
#By author jfedu.net 2021
#Define Path variables
MYSQL_SOFT="mysql mysql-server mysql-devel php-mysql mysql-libs"
NUM='rpm -qa |grep -i mysql |wc -l'
INIT="/etc/init.d/mysqld"
CODE=$?
#Mysql To Install 2021
if [ $NUM -ne 0 -a -f $INIT ];then
    echo -e "\033[32mThis Server Mysql already Install.\033[0m"
    read -p "Please ensure yum remove Mysql Server,YES or NO": INPUT
    if [ $INPUT == "y" -o $INPUT == "yes" ];then
        yum remove $MYSQL_SOFT -y ;rm -rf /var/lib/mysql /etc/my.cnf
        yum install $MYSQL_SOFT -y
    else
        echo
    fi
else
    yum remove $MYSQL_SOFT -y ;rm -rf /var/lib/mysql /etc/my.cnf
    yum install $MYSQL_SOFT -y
    if [ $CODE -eq 0 ];then
        echo -e "\033[32mThe Mysql Install Successfully.\033[0m"
    else
        echo -e "\033[32mThe Mysql Install Failed.\033[0m"
        exit 1
    fi
fi
my_config(){
cat >/etc/my.cnf<<EOF
[mysqld]
datadir=/var/lib/mysql
socket=/var/lib/mysql/mysql.sock
user=mysql
symbolic-links=0
log-bin=mysql-bin
server-id = 1
auto_increment_offset=1
```

```
auto_increment_increment=2
[mysqld_safe]
log-error=/var/log/mysqld.log
pid-file=/var/run/mysqld/mysqld.pid
EOF
}
my_config
/etc/init.d/mysqld restart
ps -ef |grep mysql
MYSQL_CONFIG(){
#Master Config Mysql
mysql -e "grant  replication  slave  on *.* to  'tongbu'@'%'  identified by
'123456';"
MASTER_FILE='mysql -e "show master status;"|tail -1|awk '{print $1}''
MASTER_POS='mysql -e "show master status;"|tail -1|awk '{print $2}''
MASTER_IPADDR='ifconfig eth0|grep "Bcast"|awk '{print $2}'|cut -d: -f2'
read -p "Please Input Slave IPaddr: " SLAVE_IPADDR
#Slave Config Mysql
ssh -l root $SLAVE_IPADDR "yum remove $MYSQL_SOFT -y ;rm -rf /var/lib/mysql
/etc/my.cnf ;yum install $MYSQL_SOFT -y"
ssh -l root $SLAVE_IPADDR "$my_config"
#scp -r /etc/my.cnf root@192.168.111.129:/etc/
ssh -l root $SLAVE_IPADDR "sed -i 's#server-id = 1#server-id = 2#g'
/etc/my.cnf"
ssh -l root $SLAVE_IPADDR "sed -i '/log-bin=mysql-bin/d' /etc/my.cnf"
ssh -l root $SLAVE_IPADDR "/etc/init.d/mysqld restart"
ssh -l root $SLAVE_IPADDR "mysql -e \"change master to master_host=
'$MASTER_IPADDR',master_user='tongbu',master_password='123456',master_
log_file='$MASTER_FILE',master_log_pos=$MASTER_POS;\""
ssh -l root $SLAVE_IPADDR "mysql -e \"slave start;\""
ssh -l root $SLAVE_IPADDR "mysql -e \"show slave status\G;\""
}

read -p "Please ensure your Server is Master and you will config mysql
Replication?yes or no": INPUT
if [ $INPUT == "y" -o $INPUT == "yes" ];then
   MYSQL_CONFIG
else
   exit 0
fi
```

2.7 Shell 编程修改 IP 及主机名脚本

在企业中，服务器 IP 地址系统通过自动化工具安装，IP 均是自动获取的，而服务器要求固定的静态 IP，手动配置上百台服务器的静态 IP 是不可取的，可以利用 Shell 脚本自动修改 IP、主机名等信息。

Shell 脚本可实现服务器 IP、主机名自动修改及配置，编写思路如下：

（1）静态 IP 修改。

（2）动态 IP 修改。

（3）根据 IP 生成主机名并配置。

（4）修改 DNS 域名解析。

相关代码如下：

```
#!/bin/bash
#Auto Change ip netmask gateway scripts
#By author jfedu.net 2021
#Define Path variables
ETHCONF=/etc/sysconfig/network-scripts/ifcfg-eth0
HOSTS=/etc/hosts
NETWORK=/etc/sysconfig/network
DIR=/data/backup/'date +%Y%m%d'
NETMASK=255.255.255.0
echo "-----------------------------"
judge_ip(){
    read -p "Please enter ip Address,example 192.168.0.11 ip": IPADDR
    echo $IPADDR|grep -v "[Aa-Zz]"|grep --color -E "([0-9]{1,3}\.){3}
[0-9]{1,3}"
}
count_ip(){
    count=('echo $IPADDR|awk -F. '{print $1,$2,$3,$4}'')
    IP1=${count[0]}
    IP2=${count[1]}
    IP3=${count[2]}
    IP4=${count[3]}
}
ip_check()
{
judge_ip
```

```
while [ $? -ne 0 ]
do
    judge_ip
done
count_ip
while [ "$IP1" -lt 0 -o "$IP1" -ge 255 -o "$IP2" -ge 255 -o "$IP3" -ge 255
-o "$IP4" -ge 255 ]
do
    judge_ip
    while [ $? -ne 0 ]
    do
        judge_ip
    done
    count_ip
done
}
change_ip()
{
if [ ! -d $DIR ];then
     mkdir -p $DIR
fi
echo "The Change ip address to Backup Interface eth0"
cp $ETHCONF  $DIR
grep "dhcp"  $ETHCONF
if [ $? -eq 0 ];then
    read -p "Please enter ip Address:" IPADDR
    sed -i 's/dhcp/static/g' $ETHCONF
    echo -e "IPADDR=$IPADDR\nNETMASK=$NETMASK\nGATEWAY='echo $IPADDR|awk
-F. '{print $1"."$2"."$3}''.2" >>$ETHCONF
    echo "The IP configuration success. !"
else
    echo -n  "Static IP has been configured,please confirm whether to
modify,yes or No":
    read i
fi
if  [ "$i" == "y" -o "$i" == "yes" ];then
    ip_check
    sed -i -e '/IPADDR/d' -e '/NETMASK/d' -e '/GATEWAY/d' $ETHCONF
    echo -e "IPADDR=$IPADDR\nNETMASK=$NETMASK\nGATEWAY='echo $IPADDR|awk
-F. '{print $1"."$2"."$3}''.2" >>$ETHCONF
    echo "The IP configuration success. !"
```

```
    echo
else
    echo "Static IP already exists,please exit."
    exit $?
fi
}
change_hosts()
{

if [ ! -d $DIR ];then
    mkdir -p $DIR
fi
cp $HOSTS $DIR
ip_check
host=' echo $IPADDR|sed 's/\./-/g'|awk '{print "BJ-IDC-"$0"-jfedu.net"}''
cat $HOSTS |grep "$host"
if [ $? -ne 0 ];then
    echo "$IPADDR   $host" >> $HOSTS
    echo "The hosts modify success "
fi
grep "$host" $NETWORK
if [ $? -ne 0 ];then
    sed -i "s/^HOSTNAME/#HOSTNAME/g" $NETWORK
    echo "NETWORK=$host" >>$NETWORK
    hostname $host;su
fi
}
PS3="Please Select configuration ip or configuration host:"
select i in  "modify_ip" "modify_hosts" "exit"
do
    case $i in
            modify_ip)
            change_ip
        ;;
            modify_hosts)
            change_hosts
        ;;
            exit)
            exit
        ;;
            *)
```

```
        echo -e "1) modify_ip\n2) modify_ip\n3)exit"
    esac

done
```

2.8　Shell 编程 Zabbix 安装配置脚本

Zabbix 是一款分布式监控系统，基于 C/S 模式，需在服务器安装 Zabbix_server，在客户端安装 Zabbix_agent。通过 Shell 脚本可以更快速地实现该需求。

Shell 脚本可实现 Zabbix 服务器端和客户端自动安装，编写思路如下：

（1）确定 Zabbix 软件的版本源码安装路径，启用服务器和代理服务器。

（2）cp zabbix_agentd 启动进程，–/etc/init.d/zabbix_agentd 给执行权限。

（3）配置 zabbix_agentd.conf 文件，指定 server IP 变量。

（4）指定客户端的 Hostname 可以等于客户端 IP 地址。

（5）启动 zabbix_agentd 服务，创建 zabbix user。

相关代码如下：

```
#!/bin/bash
#Auto install zabbix server and client
#By author jfedu.net 2021
#Define Path variables
ZABBIX_SOFT="zabbix-4.0.26.tar.gz"
INSTALL_DIR="/usr/local/zabbix/"
SERVER_IP="192.168.111.128"
IP='ifconfig|grep Bcast|awk '{print $2}'|sed 's/addr://g''
SERVER_INSTALL(){
yum -y install curl curl-devel net-snmp net-snmp-devel perl-DBI
groupadd zabbix ;useradd -g zabbix zabbix;usermod -s /sbin/nologin zabbix
tar -xzf $ZABBIX_SOFT;cd 'echo $ZABBIX_SOFT|sed 's/.tar.*//g''
./configure  --prefix=/usr/local/zabbix --enable-server --enable-agent
--with-mysql --enable-ipv6 --with-net-snmp --with-libcurl &&make install
if [ $? -eq 0 ];then
   ln -s /usr/local/zabbix/sbin/zabbix_* /usr/local/sbin/
fi
cd - ;cd zabbix-4.0.26
cp  misc/init.d/tru64/{zabbix_agentd,zabbix_server} /etc/init.d/ ;chmod
o+x /etc/init.d/zabbix_*
mkdir -p /var/www/html/zabbix/;cp -a  frontends/php/*  /var/www/html/zabbix/
```

```
#config zabbix server
cat >$INSTALL_DIR/etc/zabbix_server.conf<<EOF
LogFile=/tmp/zabbix_server.log
DBHost=localhost
DBName=zabbix
DBUser=zabbix
DBPassword=123456
EOF
#config zabbix agentd
cat >$INSTALL_DIR/etc/zabbix_agentd.conf<<EOF
LogFile=/tmp/zabbix_agentd.log
Server=$SERVER_IP
ServerActive=$SERVER_IP
Hostname = $IP
EOF
#start zabbix agentd
/etc/init.d/zabbix_server restart
/etc/init.d/zabbix_agentd restart
/etc/init.d/iptables stop
setenforce 0
}
AGENT_INSTALL(){
yum -y install curl curl-devel net-snmp net-snmp-devel perl-DBI
groupadd zabbix ;useradd -g zabbix zabbix;usermod -s /sbin/nologin zabbix

tar -xzf $ZABBIX_SOFT;cd 'echo $ZABBIX_SOFT|sed 's/.tar.*//g''
./configure  --prefix=/usr/local/zabbix  --enable-agent&&make install
if [ $? -eq 0 ];then
   ln -s /usr/local/zabbix/sbin/zabbix_* /usr/local/sbin/
fi
cd - ;cd zabbix-4.0.26
cp  misc/init.d/tru64/zabbix_agentd  /etc/init.d/zabbix_agentd ;chmod o+x
/etc/init.d/zabbix_agentd
#config zabbix agentd
cat >$INSTALL_DIR/etc/zabbix_agentd.conf<<EOF
LogFile=/tmp/zabbix_agentd.log
Server=$SERVER_IP
ServerActive=$SERVER_IP
Hostname = $IP
EOF
#start zabbix agentd
/etc/init.d/zabbix_agentd restart
/etc/init.d/iptables stop
```

```
setenforce 0
}

read -p "Please confirm whether to install Zabbix Server,yes or no? " INPUT
if [ $INPUT == "yes" -o $INPUT == "y" ];then
   SERVER_INSTALL
else
   AGENT_INSTALL
fi
```

2.9 Shell编程Nginx虚拟主机脚本

Nginx Web服务器的最大特点在于Nginx常被用于负载均衡、反向代理，单台Nginx服务器配置多个虚拟主机时，使用Shell脚本更加高效。

Shell脚本实现Nginx自动安装及虚拟主机的维护，编写思路如下：

（1）脚本指定参数v1.jfedu.net。

（2）创建v1.jfedu.net同时创建目录/var/www/v1。

（3）将Nginx虚拟主机配置定向到新的目录。

（4）重复虚拟主机不再添加。

相关代码如下：

```
#!/bin/bash
#Auto config Nginx virtual Hosts
#By author jfedu.net 2021
#Define Path variables
NGINX_CONF="/usr/local/nginx/conf/"
NGINX_MAKE="--user=www --group=www --prefix=/usr/local/nginx --with-http_
stub_status_module --with-http_ssl_module"
NGINX_SBIN="/usr/local/nginx/sbin/nginx"
NGINX_INSTALL(){
#Install Nginx server
NGINX_FILE=nginx-1.16.0.tar.gz
NGINX_DIR='echo $NGINX_FILE|sed 's/.tar*.*//g''
if [ ! -e /usr/local/nginx/ -a ! -e /etc/nginx/ ];then
   pkill nginx
   wget -c http://nginx.org/download/$NGINX_FILE
   yum install pcre-devel pcre -y
   rm -rf $NGINX_DIR ;tar xf $NGINX_FILE
```

```
    cd $NGINX_DIR;useradd www;./configure $NGINX_MAKE
    make &&make install
    grep -vE "#|^$" $NGINX_CONF/nginx.conf >$NGINX_CONF/nginx.conf.swp
    \mv  $NGINX_CONF/nginx.conf.swp $NGINX_CONF/nginx.conf
    for i in 'seq 1 6';do sed -i '$d' $NGINX_CONF/nginx.conf;done
    echo "}" >>$NGINX_CONF/nginx.conf
    cd ../
fi
}
NGINX_CONFIG(){
#config tomcat nginx vhosts
grep "include domains" $NGINX_CONF/nginx.conf >>/dev/null
if [ $? -ne 0 ];then
    #sed -i '$d' $NGINX_CONF/nginx.conf
    echo -e "\ninclude domains/*;\n}" >>$NGINX_CONF/nginx.conf
    mkdir -p $NGINX_CONF/domains/
fi
VHOSTS=$1
ls $NGINX_CONF/domains/$VHOSTS>>/dev/null 2>&1
if [ $? -ne 0 ];then
    #cp -r xxx.jfedu.net $NGINX_CONF/domains/$VHOSTS
    #sed -i "s/xxx/$VHOSTS/g" $NGINX_CONF/domains/$VHOSTS
    cat>$NGINX_CONF/domains/$VHOSTS<<EOF
    #vhost server $VHOSTS
    server {
        listen      80;
        server_name  $VHOSTS;
        location / {
            root   /data/www/$VHOSTS/;
            index  index.html index.htm;
        }
    }
EOF
    mkdir -p /data/www/$VHOSTS/
    cat>/data/www/$VHOSTS/index.html<<EOF
    <html>
    <h1><center>The First Test Nginx page.</center></h1>
    <hr color="red">
    <h2><center>$VHOSTS</center></h2>
    </html>
EOF
```

```
    echo -e "\033[32mThe $VHOSTS Config success,You can to access http://
$VHOSTS/\033[0m"
    NUM='ps -ef |grep nginx|grep -v grep|grep -v auto|wc -l'
    $NGINX_SBIN -t >>/dev/null 2>&1
    if [ $? -eq 0 -a $NUM -eq 0 ];then
        $NGINX_SBIN
    else
        $NGINX_SBIN -t >>/dev/null 2>&1
        if [ $? -eq 0 ];then
            $NGINX_SBIN -s reload
        fi
    fi
else
    echo -e "\033[32mThe $VHOSTS has been config,Please exit.\033[0m"
fi
}
if [ -z $1 ];then
    echo -e "\033[32m--------------------\033[0m"
    echo -e "\033[32mPlease enter sh $0 xx.jf.com.\033[0m"
    exit 0
fi
NGINX_INSTALL
NGINX_CONFIG $1
```

2.10　Shell 编程 Nginx、Tomcat 脚本

Tomcat 用于发布 JSP Web 页面，根据企业实际需求，会在单台服务器配置多个 Tomcat 实例，同时手动将 Tomcat 创建后的实例加入 Nginx 虚拟主机，同时重启 Nginx。开发 Nginx、Tomcat 自动创建 Tomcat 实例及 Nginx 虚拟主机管理脚本能大大减轻人工的干预，实现快速交付。

Shell 脚本实现 Nginx 自动安装、虚拟主机及自动将 Tomcat 加入虚拟主机，编写思路如下：

（1）手动将 Tomcat 复制到脚本同一目录下（可自动修改）。

（2）手动修改 Tomcat 端口为 6001、7001、8001（可自动修改）。

（3）脚本指定参数 v1.jfedu.net。

（4）创建 v1.jfedu.net Tomcat 实例。

（5）修改 Tomcat 实例端口，保证 Port 唯一。

（6）将 Tomcat 实例加入 Nginx 虚拟主机。

（7）重复创建 Tomcat 实例，端口自动增加，并加入原 Nginx 虚拟主机，实现负载均衡。

Shell 脚本实现 Nginx 自动安装、虚拟主机及自动将 Tomcat 加入虚拟主机，相关代码如下：

```
#!/bin/bash
#Auto config Nginx and tomcat cluster
#By author jfedu.net 2021
#Define Path variables
NGINX_CONF="/usr/local/nginx/conf/"
install_nginx(){
    NGINX_FILE=nginx-1.10.2.tar.gz
    NGINX_DIR='echo $NGINX_FILE|sed 's/.tar*.*//g''
    wget -c http://nginx.org/download/$NGINX_FILE
    yum install pcre-devel pcre -y
    rm -rf $NGINX_DIR ;tar xf $NGINX_FILE
    cd $NGINX_DIR;useradd www;./configure --user=www --group=www --prefix=
/usr/local/nginx2 --with-http_stub_status_module --with-http_ssl_module
    make &&make install
    cd ../
}
install_tomcat(){
    JDK_FILE="jdk1.8.0_131.tar.gz"
    JDK_DIR='echo $JDK_FILE|sed 's/.tar.*//g''
    tar -xzf $JDK_FILE  ;mkdir -p /usr/java/ ;mv $JDK_DIR /usr/java/
    sed -i '/JAVA_HOME/d;/JAVA_BIN/d;/JAVA_OPTS/d' /etc/profile
    cat >> /etc/profile <<EOF
    export JAVA_HOME=/export/servers/$JAVA_DIR
    export JAVA_BIN=/export/servers/$JAVA_DIR/bin
    export PATH=\$JAVA_HOME/bin:\$PATH
    export CLASSPATH=.:\$JAVA_HOME/lib/dt.jar:\$JAVA_HOME/lib/tools.jar
    export JAVA_HOME JAVA_BIN PATH CLASSPATH
EOF
    source /etc/profile;java -version
    #install tomcat start
    ls tomcat
}
config_tomcat_nginx(){
    #config tomcat nginx vhosts
    grep "include domains" $NGINX_CONF/nginx.conf >>/dev/null
    if [ $? -ne 0 ];then
        sed -i '$d' $NGINX_CONF/nginx.conf
        echo -e "\ninclude domains/*;\n}" >>$NGINX_CONF/nginx.conf
        mkdir -p $NGINX_CONF/domains/
    fi
```

```
    VHOSTS=$1
    NUM='ls /usr/local/|grep -c tomcat'
    if [ $NUM -eq 0 ];then
        cp -r tomcat /usr/local/tomcat_$VHOSTS
        cp -r xxx.jfedu.net $NGINX_CONF/domains/$VHOSTS
        #sed -i "s/VHOSTS/$VHOSTS/g" $NGINX_CONF/domains/$VHOSTS
        sed -i "s/xxx/$VHOSTS/g" $NGINX_CONF/domains/$VHOSTS
        exit 0
    fi
    #-------------------------------
    #VHOSTS=$1
    VHOSTS_NUM='ls $NGINX_CONF/domains/|grep -c $VHOSTS'
    SERVER_NUM='grep -c "127" $NGINX_CONF/domains/$VHOSTS'
    SERVER_NUM_1='expr $SERVER_NUM + 1'
    rm -rf /tmp/.port.txt
    for i in 'find /usr/local/ -maxdepth 1 -name "tomcat*"';do
        grep "port" $i/conf/server.xml |egrep -v "\--|8080|SSLEnabled"|awk
'{print $2}'|sed 's/port=//g;s/\"//g'|sort -nr >>/tmp/.port.txt
    done
    MAX_PORT='cat /tmp/.port.txt|grep -v 8443|sort -nr|head -1'
    PORT_1='expr $MAX_PORT - 2000 + 1'
    PORT_2='expr $MAX_PORT - 1000 + 1'
    PORT_3='expr $MAX_PORT + 1'
    if [ $VHOSTS_NUM -eq 1 ];then
        read -p "The $VHOSTS is exists,You sure create mulit Tomcat for the
$VHOSTS? yes or no " INPUT
        if [ $INPUT == "YES" -o $INPUT == "Y" -o $INPUT == "yes" ];then
            cp -r tomcat /usr/local/tomcat_${VHOSTS}_${SERVER_NUM_1}
            sed -i "s/6001/$PORT_1/g" /usr/local/tomcat_${VHOSTS}_${SERVER_
NUM_1}/conf/server.xml
            sed -i "s/7001/$PORT_2/g" /usr/local/tomcat_${VHOSTS}_${SERVER_
NUM_1}/conf/server.xml
            sed -i "s/8001/$PORT_3/g" /usr/local/tomcat_${VHOSTS}_${SERVER_
NUM_1}/conf/server.xml
            sed -i "/^upstream/a     server 127.0.0.1:${PORT_2} weight=1
max_fails=2 fail_timeout=30s;" $NGINX_CONF/domains/$VHOSTS
            exit 0
        fi
        exit
    fi
    cp -r tomcat /usr/local/tomcat_$VHOSTS
        cp -r xxx.jfedu.net $NGINX_CONF/domains/$VHOSTS
        sed -i "s/VHOSTS/$VHOSTS/g" $NGINX_CONF/domains/$VHOSTS
```

```
        sed -i "s/xxx/$VHOSTS/g" $NGINX_CONF/domains/$VHOSTS
    sed -i "s/7001/${PORT_2}/g" $NGINX_CONF/domains/$VHOSTS
    #######config tomcat
        sed -i "s/6001/$PORT_1/g" /usr/local/tomcat_${VHOSTS}/conf/server.
xml
        sed -i "s/7001/$PORT_2/g" /usr/local/tomcat_${VHOSTS}/conf/server.
xml
        sed -i "s/8001/$PORT_3/g" /usr/local/tomcat_${VHOSTS}/conf/server.
xml
}
if [ ! -d $NGINX_CONF -o ! -d  /usr/java/$JDK_DIR ];then
    install_nginx
    install_tomcat
fi
config_tomcat_nginx $1
```

2.11 Shell 编程管理 Linux 用户和组脚本

Shell 脚本实现编程管理 Linux 用户和组脚本，编写思路如下：

（1）脚本支持创建普通用户。

（2）支持创建多个用户或者列表用户添加。

（3）支持 Linux 系统用户删除。

（4）支持 Linux 系统组删除。

（5）支持对某个用户修改密码。

相关代码如下：

```
#!/bin/bash
#2021年7月29日15:54:58
#auto manager linux user
#by author www.jfedu.net
########################
USR="$*"
if [ $UID -ne 0 ];then
    echo -e "\033[32m------------------\033[0m"
    echo -e "\033[32mThe script must be executed using the root user.\033[0m"
    exit 1
fi
add_user(){
    read -p "Please enter the user name you need to create? " USR
```

```
    for USR in $USR
    do
        id $USR
        if [ $? -ne 0 ];then
            useradd -s /bin/bash $USR -d /home/$USR
            echo ${USR}_123456|passwd --stdin $USR
            if [ $? -eq 0 ];then
                echo -e "\033[32m-----------------\033[0m"
                echo -e "\033[32mThe $USR user created successfully\033[0m"
                echo -e "User,Password"
                echo -e "$USR,${USR}_123"
                echo
                tail -n 5 /etc/passwd
            fi
        else
            echo -e "\033[32m-----------------\033[0m"
            echo -e "\033[32mThis $USR user already exists, please exit\033[0m"
            exit 1
        fi
    done
}
add_user_list(){
    G
            useradd -s /bin/bash $USR -d /home/$USR
            echo ${USR}_123456|passwd --stdin $USR
            if [ $? -eq 0 ];then
                echo -e "\033[32m-----------------\033[0m"
                echo -e "\033[32mThe $USR user created successfully\033[0m"
                echo -e "User,Password"
                echo -e "$USR,${USR}_123"
                echo
                tail -n 5 /etc/passwd
            fi
        done

    else
        echo -e "\033[32m-----------------\033[0m"
        echo -e "\033[32mThe user list file must be entered. The reference
content format is as follows:\033[0m"
        echo "jfedu1"
        echo "jfedu2"
```

```
        echo "jfedu3"
        echo "jfedu4"
        echo "......"
    fi
}

remove_user(){
        for USR in $USR
        do
        userdel -r $USR
        groupdel $USR
                if [ $? -eq 0 ];then
                        echo -e "\033[32m-----------------\033[0m"
                        echo -e "\033[32mThe $USR user delete successfully\
033[0m"
                        echo
                        tail -n 5 /etc/passwd
                fi
        done
}

remove_group(){
        for USR in $USR
        do
        groupdel $USR
                if [ $? -eq 0 ];then
                        echo -e "\033[32m-----------------\033[0m"
                        echo -e "\033[32mThe $USR group delete successfully\
033[0m"
                        echo
                        tail -n 5 /etc/passwd
        else
            grep "$USR" /etc/group
            if [ $? -eq 0 ];then
                echo -e "\033[32m-----------------\033[0m"
                echo -e "\033[32mThe $USR group delete falied,cannot remove the
primary group of user $USR\033[0m"
                read -p "Are you sure you want to delete the $USR user? yes or
no " INPUT
                if [ $INPUT == "y" -o $INPUT == "Y" -o $INPUT == "yes" -o $INPUT
== "YES" ];then
                    userdel -r $USR
```

```
                groupdel $USR >>/dev/null 2>&1
                echo -e "\033[32m-----------------\033[0m"
                echo -e "\033[32mThe $USR user delete successfully\033[0m"
                echo -e "\033[32mThe $USR group delete successfully\033[0m"
            fi
        fi
            fi
    done
}

change_user_passwd(){
    read -p "Please enter your user name and new password: username password: "
INPUT
    if ['echo $INPUT|sed 's/ /\n/g'|wc -l' -eq 2 ];then
        USR='echo $INPUT|awk '{print $1}''
        PAS='echo $INPUT|awk '{print $2}''
            for USR in $USR
            do
            echo $PAS|passwd --stdin $USR
                if [ $? -eq 0 ];then
                    echo -e "\033[32m-----------------\033[0m"
            echo -e "\033[32mThe password of $USR user was modified
successfully\033[0m"
                    echo -e "User,Password"
                    echo -e "$USR,$PAS"
                    echo
                fi
            done
    fi
}

case $1 in
    1)
    add_user
    ;;
    2)
    add_user_list
    ;;
    3)
    remove_user
    ;;
```

```
    4)
    remove_group
    ;;
    5)
    change_user_passwd
    ;;
    *)
    echo "--------------------------------------------"
    echo -e "\033[34mWelcome to system user management scripts:\033[0m"
    echo -e "\033[32m1) add user\033[0m"
    echo -e "\033[32m2) add_user_list\033[0m"
    echo -e "\033[32m3) remove_user\033[0m"
    echo -e "\033[32m4) remove_group\033[0m"
    echo -e "\033[32m5) change_user_passwd\033[0m"
    echo -e "\033[32mUsage:{/bin/sh $0 1|2|3|4|5|help}\033[0m"
    echo "--------------------------------------------"
esac
```

2.12 Shell 编程 Vsftpd 虚拟用户管理脚本

Shell 脚本实现编程 Vsftpd 虚拟用户管理脚本，编写思路如下：

（1）实现单个用户随机添加。

（2）实现多个用户随机添加。

（3）实现文件列表批量用户添加。

（4）实现单个用户或者多个用户删除。

相关代码如下：

```
#!/bin/bash
#2021年8月18日 21:32:13
#auto create vsftpd for virtual user
#by author www.jfedu.net
########################
CONF_DIR="/etc/vsftpd"
VIR_USER="$*"
SYS_USER="ftpuser"
LOGIN_DB="vsftpd_login"

if [ $# -eq 0 ];then
```

```
    echo -e "\033[32m---------------------\033[0m"
    echo -e "\033[32mUsage:{/bin/sh $0 jfedu001 jfedu002|jfedu003}\033[0m"
    exit 0
fi

if [ ! -f $CONF_DIR/vsftpd.conf ];then
    yum install vsftpd* db4* -y
else
    continue
fi

#for i in 'echo $VIR_USER'
echo $VIR_USER|sed 's/ /\n/g' >list.txt
while read i
do
grep "$i" $CONF_DIR/${SYS_USER}s.txt
if [ $? -ne 0 ];then
cat>>$CONF_DIR/${SYS_USER}s.txt<<EOF
$i
pwd_$i
EOF
fi
done <list.txt

db_load -T -t hash -f $CONF_DIR/${SYS_USER}s.txt $CONF_DIR/$LOGIN_DB.db
chmod 700 $CONF_DIR/${SYS_USER}s.txt
chmod 700 $CONF_DIR/$LOGIN_DB.db

cat>/etc/pam.d/vsftpd<<EOF
auth    sufficient     /lib64/security/pam_userdb.so     db=$CONF_DIR/
$LOGIN_DB
account sufficient     /lib64/security/pam_userdb.so     db=$CONF_DIR/
$LOGIN_DB
EOF
useradd -s /sbin/nologin $SYS_USER

grep "guest_"  $CONF_DIR/vsftpd.conf
if [ $? -ne 0 ];then
cat>>$CONF_DIR/vsftpd.conf<<EOF
guest_enable=YES
guest_username=$SYS_USER
```

```
pam_service_name=vsftpd
user_config_dir=$CONF_DIR/vsftpd_user_conf
virtual_use_local_privs=YES
EOF
fi

#for j in 'echo $VIR_USER'
while read j
do
mkdir -p $CONF_DIR/vsftpd_user_conf/
cat>$CONF_DIR/vsftpd_user_conf/$j <<EOF
local_root=/home/$SYS_USER/$j
write_enable=YES
anon_world_readable_only=YES
anon_upload_enable=YES
anon_mkdir_write_enable=YES
EOF
mkdir -p /home/$SYS_USER/$j/
done < list.txt
chown -R $SYS_USER.$SYS_USER /home/$SYS_USER
service vsftpd restart
```

2.13 Shell 编程 Apache 多版本软件安装脚本

Shell 实现编程 Apache 多版本软件安装脚本，编写思路如下：

（1）安装不同的 Apache 版本。

（2）检测系统是否已经存在，是否可以覆盖版本。

（3）启动 Apache，并且测试访问。

相关代码如下：

```
#!/bin/bash
#2021年6月16日10:33:13
#by author jfedu.net
#auto install apache and vhosts
##################
H_URL="http://mirror.bit.edu.cn/apache/httpd/"
APR_URL="http://mirrors.hust.edu.cn/apache/apr/"
H_SOFT="httpd-2.4.25.tar.bz2"
APR_SOFT="apr-1.6.2.tar.bz2"
```

```
APR_UTIL_SOFT="apr-util-1.6.0.tar.bz2"
APACHE_DIR="/usr/local/apache2/"
VHOST_FILES="httpd-vhosts.conf"
DOMAINS="$1"
NUM1='grep -c "^Include conf/extra/httpd-vhosts.conf" $APACHE_DIR/conf/
httpd.conf'
NUM2=$(grep -c "$DOMAINS" $APACHE_DIR/conf/extra/httpd-vhosts.conf)

if [ $# -eq 0 ];then
    echo -e "\033[32m--------------------------\033[0m"
    echo -e "\033[32mUsage:{Please Enter $0 www.jf1.com|www.jf2.com}\033[0m"
    exit 0
fi

if [ ! -d $APACHE_DIR ];then
    wget -c  $H_URL/$H_SOFT
    wget -c  $APR_URL/$APR_SOFT
    wget -c  $APR_URL/$APR_UTIL_SOFT
    #Install apr for apache for
    tar -jxvf $APR_SOFT
    cd apr-1.6.2
    ./configure --prefix=/usr/local/apr
    make
    make install
    #Install apr-util for apache for
    cd ..
    tar -jxvf $APR_UTIL_SOFT
    cd apr-util-1.6.0
    ./configure --prefix=/usr/local/apr-util --with-apr=/usr/local/apr/
    make
    make install

    #Install apache
    cd ..
    tar -jxvf $H_SOFT
    cd httpd-2.4.25
    ./configure --prefix=$APACHE_DIR/ --with-apr=/usr/local/apr --with-apr-
util=/usr/local/apr-util
    make
    make install
    pkill httpd
```

```
    pkill nginx
    $APACHE_DIR/bin/apachectl start
fi

#config vhosts for apache
if [ $NUM1 -eq 0 ];then
    echo "Include conf/extra/$VHOST_FILES" >>$APACHE_DIR/conf/httpd.conf
fi
touch $APACHE_DIR/conf/extra/$VHOST_FILES


if [ $NUM2 -eq 0 ];then
cat >>$APACHE_DIR/conf/extra/$VHOST_FILES<<EOF
<VirtualHost *:80>
    ServerAdmin support@jfedu.net
    DocumentRoot "$APACHE_DIR/htdocs/$DOMAINS"
    ServerName $DOMAINS
    ErrorLog "logs/${DOMAINS}_error_log"
    CustomLog "logs/${DOMAINS}_access_log" common
</VirtualHost>
EOF

mkdir -p $APACHE_DIR/htdocs/$DOMAINS
touch $APACHE_DIR/htdocs/$DOMAINS/index.html
cat >$APACHE_DIR/htdocs/$DOMAINS/index.html<<EOF
<html><body>
<h1>$DOMAINS It works!</h1>
<h1><font color=\"red\">$DOMAINS</font></h1>
</body></html>
EOF
$APACHE_DIR/bin/apachectl restart
fi
```

2.14 Shell 编程局域网 IP 探活脚本

Shell 实现编程局域网 IP 探活脚本，编写思路如下：

（1）Shell 脚本支持指定特定的网段。

（2）对特定的网段进行探活。

（3）将存活的 IP 地址写入存活的列表。

（4）将不存活的 IP 地址写入不存活的列表。

相关代码如下：

```
#!/bin/bash
#2021年7月29日15:54:58
#auto ping check IP
#by author www.jfedu.net
#########################
INPUT="0"
IP_LIST="$*"
RES_FILE1="/tmp/available.txt"
RES_FILE2="/tmp/unavailable.txt"
#Define check function 2021
check_lan(){
   read -p "Please enter the LAN segment,example 192.168.1.0 (Netmask/24):
" INPUT
      if ['echo $INPUT|sed 's/ /\n/g'|wc -l' -ne 0 ];then
            for IP in $(seq 1 254)
            do
         IP_PREFIX=$(echo $INPUT|awk -F\. '{print $1"."$2"."$3"."}')
                  ping -c 2 -W1 ${IP_PREFIX}$IP >/dev/null 2>1
                  if [ $? -eq 0 ];then
                        echo "${IP_PREFIX}$IP is up."
                        echo "${IP_PREFIX}$IP" >> $RES_FILE1
                  else
                        echo "${IP_PREFIX}$IP is down."
                        echo "${IP_PREFIX}$IP" >> $RES_FILE2
                  fi
            done
            echo -e "\033[32m------------------------\033[0m"
            echo -e "\033[32mPlease check the following files:\033[0m"
            echo "Available IP addresses: $RES_FILE1"
            echo "Unavailable IP addresses: $RES_FILE2"
            echo
      fi
}

check_list()
{
   read -p "Please enter the IP list to be checked,example list.txt: " INPUT
```

```
    if [ ! -z $INPUT ];then
        for IP in $(cat $INPUT)
        do
                ping -c 2 -W1 $IP >/dev/null 2>1
                if [ $? -eq 0 ];then
                    echo "$IP is up."
                        echo $IP >> $RES_FILE1
                else
                    echo "$IP is down."
                        echo $IP >> $RES_FILE2
               fi
        done
        echo -e "\033[32m-------------------------\033[0m"
        echo -e "\033[32mPlease check the following files:\033[0m"
        echo "Available IP addresses: $RES_FILE1"
        echo "Unavailable IP addresses: $RES_FILE2"
        echo
    fi
}

check_ip(){
read -p "Please enter the IP to be checked,example 1.1.1.1 | 1.1.1.2: " INPUT
for INPUT in 'echo $INPUT'
do
    while true
    do
        echo $INPUT|grep -E "\<([0-9]{1,3}\.){3}[0-9]{1,3}\>"
        if [ $? -eq 0 ];then
            IP=('echo $INPUT|sed 's/\./ /g'')
            IP1='echo ${IP[0]}'
            IP2='echo ${IP[1]}'
            IP3='echo ${IP[2]}'
            IP4='echo ${IP[3]}'
            if [ $IP1 -gt 0 -a $IP1 -le 255 -a $IP2 -ge 0 -a $IP2 -le 255 -a
$IP3 -ge 0 -a $IP3 -le 255 -a $IP4 -ge 0 -a $IP4 -lt 255 ];then
                       if ['echo $INPUT|sed 's/ /\n/g'|wc -l' -ne 0 ];then
                               for IP in $(echo $INPUT)
                               do
                                       ping -c 2 -W1 $IP >/dev/null 2>1
                                       if [ $? -eq 0 ];then
                                               echo "$IP is up."
                                               echo $IP >> $RES_FILE1
```

```
                        else
                            echo "$IP is down."
                            echo $IP >> $RES_FILE2
                        fi
                    done
                    echo -e "\033[32m------------------------\033[0m"
                    echo -e "\033[32mPlease check the following
files:\033[0m"
                    echo "Available IP addresses: $RES_FILE1"
                    echo "Unavailable IP addresses: $RES_FILE2"
                    echo
                fi
            break;
            else
                read -p "Please Enter server IP address:" INPUT
            fi
        else
            read -p "Please Enter server IP address:" INPUT
        fi
    done
done
}

case $1 in
    1)
    check_lan
    ;;
    2)
    check_ip
    ;;
    3)
    check_list
    ;;
    *)
    echo "--------------------------------------------"
    echo -e "\033[34mWelcome to LAN live scripts:\033[0m"
    echo -e "\033[32m1) check_lan\033[0m"
    echo -e "\033[32m2) check_ip\033[0m"
    echo -e "\033[32m3) check_list\033[0m"
    echo -e "\033[32mUsage:{/bin/sh $0 1|2|3|4|5|help}\033[0m"
    echo "--------------------------------------------"
esac
```

2.15 Shell 编程 Apache 虚拟主机管理脚本

Shell 实现编程 Apache 虚拟主机管理脚本，编写思路如下：

（1）检测 Apache 是否安装，并测试访问。

（2）如果已经安装，则直接添加虚拟主机。

（3）支持单个虚拟主机添加。

（4）支持多个虚拟主机添加。

（5）支持单个或多个虚拟主机删除。

相关代码如下：

```
#!/bin/bash
#2017年6月14日21:27:31
#auto config httpd vhosts
#by author jfedu.net
######################
APACHE_SOFT="httpd httpd-devel httpd-tools"
BACK_DIR=/data/backup/'date +%F'
HTTP_DIR="/etc/httpd/conf"
HTTP_FILES="httpd.conf"
VHOSTS_CONF="vhosts.conf"
NUM1=$(grep -c "$VHOSTS_CONF" $HTTP_DIR/$HTTP_FILES)
NUM2=$(grep -c "NameVirtualHost" $HTTP_DIR/$VHOSTS_CONF)
DOMAIN="$1"

if [ $# -eq 0 ];then
    echo -e "\033[32m-----------------\033[0m"
    echo -e "\033[32mUsage:{Please Enter sh $0 www.jf1.com|www.jf2.com}\
033[0m"
    exit 0
fi

yum install $APACHE_SOFT -y
mkdir -p $BACK_DIR
cp -a $HTTP_DIR/$HTTP_FILES $BACK_DIR
touch $HTTP_DIR/$VHOSTS_CONF

if [ -z $NUM1 ];then
```

```
    NUM1=0
fi
if [ $NUM1 -eq 0 ];then
    echo "Include  conf/$VHOSTS_CONF" >>$HTTP_DIR/$HTTP_FILES
fi

if [ -z $NUM2 ];then
    NUM2=0
fi
if [ $NUM2 -eq 0 ];then
    echo "NameVirtualHost *:80" >>$HTTP_DIR/$VHOSTS_CONF
fi

NUM3='grep -c "$DOMAIN" /etc/httpd/conf/vhosts.conf'
if [ $NUM3 -eq 0 ];then
echo "
<VirtualHost *:80>
    ServerAdmin wgkgood@163.com
    DocumentRoot  \"/data/webapps/$DOMAIN\"
    ServerName  $DOMAIN
  <Directory \"/data/webapps/$DOMAIN\">
    AllowOverride All
    Options -Indexes FollowSymLinks
    Order allow,deny
    Allow from all
  </Directory>
    ErrorLog  logs/error_log
    CustomLog logs/access_log common
</VirtualHost>
" >>$HTTP_DIR/$VHOSTS_CONF
fi
```

2.16　Shell 编程实现 Apache 高可用脚本

Shell 编程实现 Apache 高可用脚本，编写思路如下：

（1）部署两台 Apache 服务器，发布 Web 测试页面。

（2）通过两台 IP 均可以实现访问 Web 网页。

（3）增加第三个 IP，称为 VIP，可以绑定至某一台服务器。

（4）实现访问 VIP 即可访问一台 Apache Web 服务器。

（5）当该 Apache Web 服务器宕机，VIP 自动切换至另外一台 Web 服务器。

（6）时刻保证不管哪台 Apache Web 服务器宕机，VIP 均可以访问 Web 服务器。

相关代码如下：

```
#!/bin/bash
#2021年11月7日20:42:50
#auto change service VIP
#by author www.jfedu.net
########################
ETH_NAME="ens33:1"
APA_VIP="192.168.1.188"
APA_MASK="255.255.255.0"
ETH_DIR="/etc/sysconfig/network-scripts"
APA_NUM='ps -ef|grep httpd|grep -v grep|grep -v check|wc -l'
start(){
while sleep 4
do
if [ $APA_NUM -eq 0 ];then
   ifdown $ETH_NAME
   exit 0
else
   ping -c 2 $APA_VIP >/dev/null 2>&1
   if [ $? -ne 0 ];then
cat>$ETH_DIR/ifcfg-$ETH_NAME<<EOF
TYPE="Ethernet"
BOOTPROTO="static"
DEVICE="$ETH_NAME"
IPADDR=$APA_VIP
NETMASK=$APA_MASK
ONBOOT="yes"
EOF
   ifup $ETH_NAME
   fi
fi
date
done
}

stop(){
```

```
    ifdown $ETH_NAME
    rm -rf $ETH_DIR/ifcfg-$ETH_NAME
}

case $1 in
    start)
    start
    ;;
    stop)
    stop
    ;;
    *)
    echo -e "\033[32m-------------------\033[0m"
    echo -e "\033[32mUsage: /bin/sh $0 {start|stop|help}\033[0m"
        exit 1
esac
```

2.17　Shell 编程拒绝黑客攻击 Linux 脚本

Shell 编程拒绝黑客攻击 Linux 脚本，编写思路如下：

（1）登录服务器日志/var/log/secure。

（2）检查日志中认证失败的行并打印其 IP 地址。

（3）将 IP 地址写入 Linux 服务器黑名单文件或防火墙。

（4）禁止该 IP 访问服务器 SSH 22 端口。

（5）将脚本加入 Crontab 实现自动禁止恶意 IP。

相关代码如下：

```
#!/bin/bash
#Auto drop ssh failed IP address
#By author jfedu.net 2021
#Define Path variables
SEC_FILE=/var/log/secure
IP_ADDR='awk '{print $0}'  /var/log/secure|grep -i  "fail"| egrep -o
"([0-9]{1,3}\.){3}[0-9]{1,3}" | sort -nr | uniq -c |awk '$1>=1 {print $2}''
DENY_CONF=/etc/hosts.deny
TM1='date +%Y%m%d%H%M'
DENY_IP="/tmp/2h_deny_ip.txt"
```

```
echo
cat <<EOF
+++++++++++++welcome to use ssh login drop failed ip+++++++++++++++++
+++++++++++++++++++++++++++++++++++++++++++++++++++++++++++++++++++++
++++++++++++++++-------------------------------------++++++++++++++++
EOF
echo
for ((j=0;j<=2;j++)) ;do echo -n "-";sleep 1 ;done
echo
for i in 'echo $IP_ADDR'
do
    cat $DENY_CONF |grep $i >/dev/null 2>&1
    if  [ $? -ne 0 ];then
        grep "$i" $DENY_IP>>/dev/null 2>&1
        if  [ $? -eq 0 ];then
          TM3='date +%Y%m%d%H%M'
          IP1='awk -F"[#:]" '/'$i'/ {print $2,$4}' $DENY_IP|awk '{if
('$TM3'>=$2+2) print $1}''
          if [ ! -z $IP1 ];then
              echo "sshd:$IP1:deny #$TM1" >>$DENY_CONF
              sed -i "/$IP1/d"  $DENY_IP
          fi
       else
              echo "sshd:$i:deny #$TM1" >>$DENY_CONF
       fi
    fi
done

#Allow IP to access
TM2='date +%Y%m%d%H%M'
IP2='awk -F"[#:]" '/sshd/ {print $2,$4}' $DENY_CONF|awk '{if('$TM2'>=$2+2)
print $1}''
for k in 'echo $IP2'
do
    echo $k
    sed -i "/$k/d"  $DENY_CONF
    echo "sshd:$k:deny #$TM2" >>$DENY_IP
done
```

2.18　Shell 编程 mysqldump 数据库自动备份脚本

Shell 编程 mysqldump 数据库自动备份脚本，编写思路如下：

（1）支持 MySQL 单个库备份。

（2）支持 MySQL 多个库备份。

（3）支持 MySQL 全数据库备份。

（4）支持 MySQL 数据库定期删除数据。

相关代码如下：

```
#!/bin/bash
#2020年7月6日22:21:18
#auto backup mysql database
#by author www.jfedu.net
########################
SQL_DB="$*"
SQL_USR="backup"
SQL_PWD="bak123456"
SQL_CMD="/usr/bin/mysqldump"
BAK_DIR="/data/backup/'date +%F'"
if [ $# -eq 0 ];then
    echo -e "\033[32m----------------\033[0m"
    echo -e "\033[32mUsage:{/bin/bash $0 jfedu001|jfedu002|all|help}\033[0m"
    exit
fi

if [ $UID -ne 0 ];then
    echo "Exec backup scripts,must to be use root."
    exit
fi
if [ ! -d $BAK_DIR ];then
    mkdir -p $BAK_DIR
fi

if [ $SQL_DB == "all" ];then
    for SQL_DB in $(/usr/bin/mysql -u$SQL_USR -p$SQL_PWD -e "show
databases;")
    do
        $SQL_CMD -u$SQL_USR -p$SQL_PWD $SQL_DB >$BAK_DIR/${SQL_DB}.sql
```

```
        if [ $? -eq 0 ];then
            echo -e "\033[32m----------------\033[0m"
            echo -e "\033[32mThe mysql database $SQL_DB backup successfully.\
033[0m"
            echo
            echo "ls -l $BAK_DIR/"
            ls -l $BAK_DIR/
        else
            echo "The mysql database $SQL_DB backup falied."
            rm -rf $BAK_DIR/${SQL_DB}.sql

        fi
    done
    exit
fi

for SQL_DB in $SQL_DB
do
    $SQL_CMD -u$SQL_USR -p$SQL_PWD $SQL_DB >$BAK_DIR/$SQL_DB.sql
    if [ $? -eq 0 ];then
        echo -e "\033[32m----------------\033[0m"
        echo -e "\033[32mThe mysql database $SQL_DB backup successfully.\
033[0m"
        echo
        echo "ls -l $BAK_DIR/"
        ls -l $BAK_DIR/
    else
        echo "The mysql database $SQL_DB backup falied."
        rm -rf $BAK_DIR/${SQL_DB}.sql
        while true
        do
            echo
            read -p "Please retry enter database name: " INPUT
            /usr/bin/mysql -u$SQL_USR -p$SQL_PWD -e "show databases;"|grep -ai
"$INPUT"
            if [ $? -eq 0 ];then
                break
            fi
    done
```

```
    fi
done
```

2.19　Shell 编程 MySQL 主从自动配置脚本

Shell 编程 MySQL 主从自动配置脚本，编写思路如下：

（1）主库上安装 MySQL，设置 server-id、bin-log。

（2）授权复制同步的用户，对客户端授权。

（3）确认 bin-log 文件名、position 位置点。

（4）从库上安装 MySQL，设置 server-id。

（5）change master：指定主库、bin-log 名和 position。

（6）start slave：启动从库 I/O 线程。

（7）show slave status\G：查看主从的状态。

相关代码如下：

```
#!/bin/bash
#auto make install Mysql AB Repliation
#by author jfudu.net wugk
#2015-11-16 change
MYSQL_SOFT="mariadb mariadb-server mariadb-devel mariadb-libs"
NUM='rpm -qa |grep -i mariadb |wc -l'
INIT="mariadb.service"
CODE=$?

#Mysql To Install 2015
if [ $NUM -ne 0 -a -f /usr/lib/systemd/system/$INIT ];then
    echo -e "\033[32mThis Server Mysql already Install.\033[0m"
    read -p "Please ensure yum remove Mysql Server,YES or NO": INPUT

    if [ $INPUT == "y" -o $INPUT == "yes" ];then
        yum remove $MYSQL_SOFT -y ;rm -rf /var/lib/mysql /etc/my.cnf
        yum install $MYSQL_SOFT -y
    else
        echo
    fi
else
    yum remove $MYSQL_SOFT -y ;rm -rf /var/lib/mysql /etc/my.cnf
```

```
    yum install $MYSQL_SOFT -y
    if [ $CODE -eq 0 ];then
        echo -e "\033[32mThe Mysql Install Successfully.\033[0m"
    else
        echo -e "\033[32mThe Mysql Install Failed.\033[0m"
        exit 1
    fi
fi


cat >/etc/my.cnf<<EOF
[mysqld]
datadir=/var/lib/mysql
socket=/var/lib/mysql/mysql.sock
user=mysql
symbolic-links=0
log-bin=mysql-bin
server-id = 1
auto_increment_offset=1
auto_increment_increment=2
[mysqld_safe]
log-error=/var/log/mysqld.log
pid-file=/var/run/mysqld/mysqld.pid
EOF

chown -R mysql.mysql /var/log/
mkdir -p /var/run/mysqld
chown -R mysql.mysql /var/run/mysqld
systemctl restart mariadb.service
ps -ef |grep mysql

MYSQL_CONFIG(){

#Master Config Mysql
mysql -e "grant  replication  slave  on *.* to  'tongbu'@'%'  identified by
'123456';"
MASTER_FILE='mysql -e "show master status;"|tail -1|awk '{print $1}''
MASTER_POS='mysql -e "show master status;"|tail -1|awk '{print $2}''

#MASTER_IPADDR='ifconfig eth0|grep "Bcast"|awk '{print $2}'|cut -d: -f2'
MASTER_IPADDR=$(ifconfig|grep "broadcast"|cut -d" " -f10)
```

```
read -p "Please Input Slave IPaddr: " SLAVE_IPADDR

#Slave Config Mysql
ssh -l root $SLAVE_IPADDR "yum remove $MYSQL_SOFT -y ;rm -rf /var/lib/mysql
/etc/my.cnf ;yum install $MYSQL_SOFT -y"
#ssh -l root $SLAVE_IPADDR "$my_config"
scp -r /etc/my.cnf root@$SLAVE_IPADDR:/etc/
ssh -l root $SLAVE_IPADDR "sed -i 's#server-id = 1#server-id = 2#g'
/etc/my.cnf"
ssh -l root $SLAVE_IPADDR "sed -i '/log-bin=mysql-bin/d' /etc/my.cnf"

ssh -l root $SLAVE_IPADDR "chown -R mysql.mysql /var/log/"
ssh -l root $SLAVE_IPADDR "mkdir -p /var/run/mysqld"
ssh -l root $SLAVE_IPADDR "chown -R mysql.mysql /var/run/mysqld"

ssh -l root $SLAVE_IPADDR "systemctl restart mariadb.service"
ssh -l root $SLAVE_IPADDR "mysql -e \"change master to master_host='$MASTER_
IPADDR',master_user='tongbu',master_password='123456',master_log_file=
'$MASTER_FILE',master_log_pos=$MASTER_POS;\""
ssh -l root $SLAVE_IPADDR "mysql -e \"slave start;\""
ssh -l root $SLAVE_IPADDR "mysql -e \"show slave status\G;\""
}

read -p "Please ensure your Server is Master and you will config mysql
Replication?yes or no": INPUT
if [ $INPUT == "y" -o $INPUT == "yes" ];then
   MYSQL_CONFIG
else
   exit 0
fi
```

2.20　Shell 编程部署 Tomcat 多实例脚本

Shell 编程部署 Tomcat 多实例脚本，编写思路如下：

（1）检测服务器是否部署 JDK 和 Tomcat。

（2）部署 Tomcat 实例至/usr/local/目录。

（3）Shell 脚本支持任意单个 Tomcat 实例添加并启动。

（4）Shell 脚本支持多个 Tomcat 实例添加并启动。

相关代码如下：

```
function config_tomcat_nginx(){
    #Install JAVA JDK
    TOMCAT_VER="8.0.50"
    JAVA_VER="1.8.0_131"
    JAVA_DIR="/usr/java"
    TOMCAT_DIR="/usr/local"
    JAVA_SOFT="jdk${JAVA_VER}.tar.gz"
    TOMCAT_SOFT="apache-tomcat-${TOMCAT_VER}.tar.gz"
    grep -ai "^export" /etc/profile|grep -ai "JAVA_HOME" >/dev/null
    if [ $? -ne 0 ];then
    #Install JAVA JDK
    ls -l $JAVA_SOFT
    tar -xzvf $JAVA_SOFT
    mkdir -p $JAVA_DIR/
    \mv jdk$JAVA_VER $JAVA_DIR/
    ls -l $JAVA_DIR/jdk$JAVA_VER/
    $JAVA_DIR/jdk$JAVA_VER/bin/java -version
    cat>>/etc/profile<<-EOF
    export JAVA_HOME=$JAVA_DIR/jdk$JAVA_VER
    export CLASSPATH=\$CLASSPATH:\$JAVA_HOME/lib:\$JAVA_HOME/jre/lib
    EOF
    source /etc/profile
    fi

    shift 1
    NUM='ls /usr/local/|grep -c tomcat'
    if [ $NUM -eq 0 ];then
        cp -r tomcat /usr/local/tomcat_$*
        exit 0
    fi
    #-------------------------------
    #VHOSTS=$1
    VHOSTS_NUM='ls $NGINX_CONF/domains/|grep -c $*'
    SERVER_NUM='grep -c "127" $NGINX_CONF/domains/$*'
    SERVER_NUM_1='expr $SERVER_NUM + 1'
    rm -rf /tmp/.port.txt
    for i in 'find /usr/local/ -maxdepth 1 -name "tomcat*"';do
        grep "port" $i/conf/server.xml |egrep -v "\--|8080|SSLEnabled"|awk
'{print $2}'|sed 's/port=//g;s/\"//g'|sort -nr >>/tmp/.port.txt
    done
    MAX_PORT='cat /tmp/.port.txt|grep -v 8443|sort -nr|head -1'
```

```
    PORT_1='expr $MAX_PORT - 2000 + 1'
    PORT_2='expr $MAX_PORT - 1000 + 1'
    PORT_3='expr $MAX_PORT + 1'
    if [ $*_NUM -eq 1 ];then
        read -p "The $* is exists,You sure create mulit Tomcat for the $*?
yes or no " INPUT
        if [ $INPUT == "YES" -o $INPUT == "Y" -o $INPUT == "yes" ];then
            cp -r tomcat /usr/local/tomcat_${VHOSTS}_${SERVER_NUM_1}
            sed -i "s/6001/$PORT_1/g" /usr/local/tomcat_${VHOSTS}_${SERVER_
NUM_1}/conf/server.xml
            sed -i "s/7001/$PORT_2/g" /usr/local/tomcat_${VHOSTS}_${SERVER_
NUM_1}/conf/server.xml
            sed -i "s/8001/$PORT_3/g" /usr/local/tomcat_${VHOSTS}_${SERVER_
NUM_1}/conf/server.xml
            sed -i "/^upstream/a      server 127.0.0.1:${PORT_2} weight=1
max_fails=2 fail_timeout=30s;" $NGINX_CONF/domains/$*
            exit 0
        fi
        exit
    fi
        cp -r tomcat /usr/local/tomcat_$*
        cp -r xxx.jfedu.net $NGINX_CONF/domains/$*
        sed -i "s/VHOSTS/$*/g" $NGINX_CONF/domains/$*
        sed -i "s/xxx/$*/g" $NGINX_CONF/domains/$*
        sed -i "s/7001/${PORT_2}/g" $NGINX_CONF/domains/$*
        #######config tomcat
        sed -i "s/6001/$PORT_1/g" /usr/local/tomcat_${VHOSTS}/conf/server.
xml
        sed -i "s/7001/$PORT_2/g" /usr/local/tomcat_${VHOSTS}/conf/server.
xml
        sed -i "s/8001/$PORT_3/g" /usr/local/tomcat_${VHOSTS}/conf/server.
xml

}
if [ ! -d $NGINX_CONF -o ! -d  /usr/java/$JDK_DIR ];then
   install_nginx
   install_tomcat
fi
config_tomcat_nginx $1
```

2.21 Shell 编程 Nginx 日志切割脚本

Shell 编程 Nginx 日志切割脚本，编写思路如下：

（1）支持指定日志文件或多个文件切割。

（2）日志文件支持按天切割。

（3）日志文件支持按小时切割。

（4）日志文件切割之后打包并上传至 FTP 服务器。

相关代码如下：

```
#!/bin/bash
#auto mv nginx log shell
#by author jfedu.net
NUM=$(date +%H%M%S)
echo 'date'
if [ $NUM == "000000" ];then
        LOG_DIR="/data/logs/linux_web/"
        TIME='date -d "-1 day" +%Y%m%d'
        echo -e "\033[32mPlease wait start cut shell scripts...\033[1m"
        sleep 2
        cd $LOG_DIR
        mv access.log access_${TIME}.log
        kill  -USR1  'cat /usr/local/nginx/nginx.pid'
        echo "-------------------------------------------"
        echo "The Nginx log Cutting Successfully!"
fi
```

2.22 Shell 编程 Tomcat 实例和 Nginx 均衡脚本

Shell 编程 Tomcat 实例和 Nginx 均衡脚本，编写思路如下：

（1）检测服务器是否部署 Nginx、JDK 和 Tomcat。

（2）部署 Tomcat 实例至/usr/local/目录。

（3）Shell 脚本支持单个 Tomcat 实例添加并启动。

（4）Shell 脚本支持多个 Tomcat 实例添加并启动。

（5）Shell 脚本除了实现单个和多个 Tomcat 之外，将其 Tomcat 实例的端口加入 Nginx 虚拟主机均衡。

（6）实现 Nginx 均衡多个虚拟主机域名，分别对应后端不同 Tomcat。

（7）Shell 脚本支持删除 Nginx 均衡和删除 Tomcat 实例（单个和多个）。

相关代码如下：

```
#!/bin/bash
#2020年11月19日15:50:38
#auto config nginx virtual
#by author www.jfedu.net
#########################
NGX_CNF="nginx.conf"
NGX_DIR="/usr/local/nginx"
NGX_YUM="yum install -y"
NGX_URL="http://nginx.org/download"
NGX_ARG="--user=www --group=www --with-http_stub_status_module"
function nginx_help(){
    echo -e "\033[33mNginx VIrtual Manager SHELL Scripts\033[0m"
    echo -e "\033[33m-------------------------------\033[0m"
        echo -e "\033[33m1)-I New Install Nginx WEB Server.\033[0m"
        echo -e "\033[33m2)-U Update Install Nginx WEB Server.\033[0m"
        echo -e "\033[33m3)-A v1.jfedu.net|v2.jfedu.net v3.jfedu.net\033[0m"
        echo -e "\033[33m4)-D v1.jfedu.net|v2.jfedu.net v3.jfedu.net\033[0m"
        echo -e "\033[33m5)-T v1.jfedu.net|v2.jfedu.net v3.jfedu.net\033[0m"
        echo -e "\033[35mUsage:{/bin/bash $0 -I(Install) | -U(Update)| -A(Add)
| -D(Del) | -H(Help) -T(Tomcat)\033[0m"
        exit 0
}

function nginx_install(){
#Nginx Install Config
if [ $# -le 1 ];then
        nginx_help
fi
if [ ! -d ${NGX_DIR} ];then
    shift 1
    NGX_VER=$(echo $*)
    NGX_SOFT="nginx-${NGX_VER}.tar.gz"
    NGX_SRC=$(echo $NGX_SOFT|sed 's/.tar.*//g')
    NGX_CODE="src/core/nginx.h"
    echo -e "\033[33m-------------------------------\033[0m"
```

```
    echo -e "\033[33mStart Nginx install Proccess...\033[0m"
    $NGX_YUM wget make gzip tar gcc gcc-c++ >>/dev/null 2>&1
    $NGX_YUM pcre pcre-devel zlib zlib-devel >>/dev/null 2>&1
    wget -c $NGX_URL/$NGX_SOFT
    tar -xzf $NGX_SOFT
    cd $NGX_SRC
    sed -i "s/$NGX_VER//g" $NGX_CODE
    sed -i 's/nginx\//JWS/g' $NGX_CODE
    sed -i 's/"NGX"/"JWS"/g' $NGX_CODE
    useradd -s /sbin/nologin www -M
    ./configure --prefix=${NGX_DIR}/ $NGX_ARG
    make -j4
    make -j4 install
    ${NGX_DIR}/sbin/nginx
    ps -ef|grep -aiwE nginx
    netstat -tnlp|grep -aiwE 80
    setenforce 0
    sed -i '/SELINUX/s/enforcing/disabled/g' /etc/sysconfig/selinux
    if [ $(uname -r|awk -F"[-|.]" '{print $1}') -ge "3" ];then
        firewall-cmd --add-port=80/tcp --permanent
        systemctl reload firewalld.service
    else
        iptables -t filter -A INPUT -m tcp -p tcp --dport 80 -j ACCEPT
        service iptables save
    fi
else
    echo -e "\033[32mThe Nginx WEB Already Install,Please Exit.\033[0m"
    echo -e "\033[33m----------------------\033[0m"
    echo "ls -l $NGX_DIR/"
    ls -l $NGX_DIR/

    echo -e "\033[33m----------------------\033[0m"
    while true
    do
    echo -e -n "\033[33mPlease ensure to retry Nginx WEB service,yes or no ?
\033[0m"
    read INPUT
    if [ -z $INPUT ];then
        continue
    fi
    if [ $INPUT == "yes" -o $INPUT == "YES" -o $INPUT == "y" ];then
```

```
        echo -e "------------------------------"
        echo -e "Backup nginx to ${NGX_DIR}.bak,\mv $NGX_DIR ${NGX_DIR}.bak"
        \mv $NGX_DIR ${NGX_DIR}.bak
        shift 1
            NGX_VER=$(echo $*)
            NGX_SOFT="nginx-${NGX_VER}.tar.gz"
            NGX_SRC=$(echo $NGX_SOFT|sed 's/.tar.*//g')
            NGX_CODE="src/core/nginx.h"
            echo -e "\033[33m------------------------------\033[0m"
            echo -e "\033[33mStart Nginx install Proccess...\033[0m"
            $NGX_YUM wget make gzip tar gcc gcc-c++ >>/dev/null 2>&1
            $NGX_YUM pcre pcre-devel zlib zlib-devel >>/dev/null 2>&1
            wget -c $NGX_URL/$NGX_SOFT
            tar -xzf $NGX_SOFT
            cd $NGX_SRC
            sed -i "s/$NGX_VER//g" $NGX_CODE
            sed -i 's/nginx\//JWS/g' $NGX_CODE
            sed -i 's/"NGX"/"JWS"/g' $NGX_CODE
            useradd -s /sbin/nologin www -M
            ./configure --prefix=${NGX_DIR}/ $NGX_ARG
            make -j4
            make -j4 install
            ${NGX_DIR}/sbin/nginx
            ps -ef|grep -aiwE nginx
            netstat -tnlp|grep -aiwE 80
            setenforce 0
            sed -i '/SELINUX/s/enforcing/disabled/g' /etc/sysconfig/selinux
            if [ $(uname -r|awk -F"[-|.]" '{print $1}') -ge "3" ];then
                    firewall-cmd --add-port=80/tcp --permanent
                    systemctl reload firewalld.service
            else
                    iptables -t filter -A INPUT -m tcp -p tcp --dport 80 -j ACCEPT
                    service iptables save
            fi
        break

    fi
    done
fi
}
```

```
function nginx_update(){
#Nginx Install Config
if [ $# -le 1 ];then
      nginx_help
fi
if [ ! -d ${NGX_DIR} ];then
   shift 1
   NGX_VER=$(echo $*)
   NGX_SOFT="nginx-${NGX_VER}.tar.gz"
   NGX_SRC=$(echo $NGX_SOFT|sed 's/.tar.*//g')
   NGX_CODE="src/core/nginx.h"
   echo -e "\033[33m--------------------------------\033[0m"
   echo -e "\033[33mStart Nginx install Proccess...\033[0m"
   $NGX_YUM wget make gzip tar gcc gcc-c++ >>/dev/null 2>&1
   $NGX_YUM pcre pcre-devel zlib zlib-devel >>/dev/null 2>&1
   wget -c $NGX_URL/$NGX_SOFT
   tar -xzf $NGX_SOFT
   cd $NGX_SRC
   sed -i "s/$NGX_VER//g" $NGX_CODE
   sed -i 's/nginx\//JWS/g' $NGX_CODE
   sed -i 's/"NGX"/"JWS"/g' $NGX_CODE
   useradd -s /sbin/nologin www -M
   ./configure --prefix=${NGX_DIR}/ $NGX_ARG
   make -j4
   make -j4 install
   ${NGX_DIR}/sbin/nginx
   ps -ef|grep -aiwE nginx
   netstat -tnlp|grep -aiwE 80
   setenforce 0
   sed -i '/SELINUX/s/enforcing/disabled/g' /etc/sysconfig/selinux
   if [ $(uname -r|awk -F"[-|.]" '{print $1}') -ge "3" ];then
      firewall-cmd --add-port=80/tcp --permanent
      systemctl reload firewalld.service
   else
      iptables -t filter -A INPUT -m tcp -p tcp --dport 80 -j ACCEPT
      service iptables save
   fi
else
   echo -e "\033[32mThe Nginx WEB Already Install,Please Exit.\033[0m"
   echo -e "\033[33m----------------------\033[0m"
   echo "ls -l $NGX_DIR/"
```

```
    ls -l $NGX_DIR/

    echo -e "\033[33m----------------------\033[0m"
    while true
    do
    echo -e -n "\033[33mPlease ensure to Update Nginx WEB service,yes or no ?
\033[0m"
    read INPUT
    if [ -z $INPUT ];then
        continue
    fi
    if [ $INPUT == "yes" -o $INPUT == "YES" -o $INPUT == "y" ];then
        echo -e "------------------------------"
        echo -e "Backup nginx to ${NGX_DIR}.bak,\mv $NGX_DIR ${NGX_DIR}.bak"
        \mv $NGX_DIR ${NGX_DIR}.bak
        shift 1
            NGX_VER=$(echo $*)
            NGX_SOFT="nginx-${NGX_VER}.tar.gz"
            NGX_SRC=$(echo $NGX_SOFT|sed 's/.tar.*//g')
            NGX_CODE="src/core/nginx.h"
            echo -e "\033[33m------------------------------\033[0m"
            echo -e "\033[33mStart Nginx install Proccess...\033[0m"
            $NGX_YUM wget make gzip tar gcc gcc-c++ >>/dev/null 2>&1
            $NGX_YUM pcre pcre-devel zlib zlib-devel >>/dev/null 2>&1
            wget -c $NGX_URL/$NGX_SOFT
            tar -xzf $NGX_SOFT
            cd $NGX_SRC
            sed -i "s/$NGX_VER//g" $NGX_CODE
            sed -i 's/nginx\//JWS/g' $NGX_CODE
            sed -i 's/"NGX"/"JWS"/g' $NGX_CODE
            useradd -s /sbin/nologin www -M
            ./configure --prefix=${NGX_DIR}/ $NGX_ARG
            make -j4
            \mv ${NGX_DIR}/sbin/nginx ${NGX_DIR}/sbin/nginx.old
        \cp objs/nginx ${NGX_DIR}/sbin/
            ${NGX_DIR}/sbin/nginx
            ps -ef|grep -aiwE nginx
            netstat -tnlp|grep -aiwE 80
            setenforce 0
            sed -i '/SELINUX/s/enforcing/disabled/g' /etc/sysconfig/selinux
            if [ $(uname -r|awk -F"[-|.]" '{print $1}') -ge "3" ];then
```

```
                firewall-cmd --add-port=80/tcp --permanent
                systemctl reload firewalld.service
            else
                iptables -t filter -A INPUT -m tcp -p tcp --dport 80 -j ACCEPT
                service iptables save
            fi
        break

    fi
    done
fi
}

function virtual_add(){
    #Nginx Config Virtual Host
    if [ $# -le 1 ];then
        nginx_help
    fi
    cd ${NGX_DIR}/conf/
    grep -aiE "include domains" ${NGX_CNF} >>/dev/null 2>&1
    if [ $? -ne 0 ];then
        grep -aiE -vE "^$|#" ${NGX_CNF} > ${NGX_CNF}.swp
        \cp ${NGX_CNF}.swp ${NGX_CNF}
        sed -i '/server/,$d' ${NGX_CNF}
        echo -e -e "    include domains/*;\n}" >>${NGX_CNF}
        ${NGX_DIR}/sbin/nginx -t
        mkdir domains -p
    fi
    shift 1
    for NGX_VHOSTS in $*
    do
        CHECK_NGX_NUM='ls domains/|grep -aiE -c $NGX_VHOSTS'
        if [ $CHECK_NGX_NUM -eq 0 ];then
        cat>domains/$NGX_VHOSTS<<-EOF
        server {
                listen      80;
                server_name  $NGX_VHOSTS;
                location / {
                    root   html/$NGX_VHOSTS;
                    index  index.html index.htm;
                }
```

```
        }
        EOF
        mkdir -p ${NGX_DIR}/html/$NGX_VHOSTS
        cat>${NGX_DIR}/html/$NGX_VHOSTS/index.html<<-EOF
        <h1>$* Welcome to nginx!</h1>
        <hr color=red>
        EOF
        echo -e "\033[32m-----------------------\033[0m"
        echo -e "\033[32mThe Nginx $NGX_VHOSTS ADD Success.\033[0m"
        cat domains/$NGX_VHOSTS
        echo -e "\033[32m-----------------------\033[0m"
        $NGX_DIR/sbin/nginx -t
        $NGX_DIR/sbin/nginx -s reload
        echo
        else
            echo -e "\033[32m-----------------------\033[0m"
            echo -e "\033[32mThe Nginx $NGX_VHOSTS Already Exist,Please 
Exit.\033[0m"
            cat domains/$NGX_VHOSTS
        fi
    done
}

function virtual_del(){
    if [ $# -le 1 ];then
            nginx_help
    fi
    shift 1
    for NGX_VHOSTS in $*
    do
        cd ${NGX_DIR}/conf/domains/ >/dev/null 2>&1
        if [ $? -eq 0 ];then
            ls -l|grep -aiE "$NGX_VHOSTS" >/dev/null 2>&1
            if [ $? -eq 0 ];then
                cat $NGX_VHOSTS
                if [ $? -eq 0 ];then
                    mkdir -p /data/backup/'date +%F'
                    \cp -a $NGX_VHOSTS /data/backup/'date +%F'
                    rm -rf $NGX_VHOSTS
                    $NGX_DIR/sbin/nginx -s reload
                    echo -e "\033[32m-----------------------\033[0m"
```

```
                    echo -e "\033[32mThe Nginx $NGX_VHOSTS Already remove,
reload nginx...\033[0m"
                fi
            else
                shift 1
                        echo -e "\033[31m----------------------\033[0m"
                        echo -e "\033[31mNginx $NGX_VHOSTS Virtual hosts does
not exist.please check.\033[0m"
                        ls -l $NGX_DIR/conf/ |head -10
            fi
        else
            shift 1
            echo -e "\033[31m----------------------\033[0m"
            echo -e "\033[31mNginx $NGX_VHOSTS Virtual hosts does not exist.
please check.\033[0m"
            ls -l $NGX_DIR/conf/ |head -10
        fi
    done
}

function tomcat_install(){
    #auto config tomcat web
    #change tomcat port :6001 7001 8001
    #upload jdk and tomcat for shell dir
    TOMCAT_VER="8.0.50"
    JAVA_VER="1.8.0_131"
    JAVA_DIR="/usr/java"
    TOMCAT_DIR="/usr/local"
    JAVA_SOFT="jdk${JAVA_VER}.tar.gz"
    TOMCAT_SOFT="apache-tomcat-${TOMCAT_VER}.tar.gz"
    if [ $# -le 1 ];then
            nginx_help
        fi
    shift 1
    #Install JAVA JDK
    grep -ai "^export" /etc/profile|grep -ai "JAVA_HOME" >/dev/null
    if [ $? -ne 0 ];then
        ls -l $JAVA_SOFT
        tar -xzvf $JAVA_SOFT
        mkdir -p $JAVA_DIR/
        \mv jdk$JAVA_VER $JAVA_DIR/
```

```
        ls -l $JAVA_DIR/jdk$JAVA_VER/
        $JAVA_DIR/jdk$JAVA_VER/bin/java -version
        cat>>/etc/profile<<-EOF
        export JAVA_HOME=$JAVA_DIR/jdk$JAVA_VER
        export CLASSPATH=\$CLASSPATH:\$JAVA_HOME/lib:\$JAVA_HOME/jre/lib
        export PATH=\$PATH:\$JAVA_HOME/bin/
        EOF
        java -version
        source /etc/profile
    fi
    source /etc/profile
    #Install Tomcat WEB
    MAX_PORT=$(for i in $(find /usr/local/ -name "server.xml");do grep -ai
"port=" $i;done|awk -F"=" '{print $2}'|awk '{print $1}'|sed 's/\"//g'|grep
-aivE "8443"|sort -nr|head -1)
    if [ -z $MAX_PORT ];then
        for TOMCAT_DOMAINS in $*
        do
            MAX_PORT=$(for i in $(find /usr/local/ -name "server.xml");do grep
-ai "port=" $i;done|awk -F"=" '{print $2}'|awk '{print $1}'|sed 's/\"//g'
|grep -aivE "8443"|sort -nr|head -1)
            if [ -z $MAX_PORT ];then
                #Install Tomcat WEB
                ls -l $TOMCAT_SOFT
                tar -xzvf $TOMCAT_SOFT >/dev/null
                mkdir -p $TOMCAT_DIR/tomcat_$TOMCAT_DOMAINS/
                \mv apache-tomcat-$TOMCAT_VER/* $TOMCAT_DIR/tomcat_$TOMCAT_
DOMAINS/ >/dev/null 2>&1
                $TOMCAT_DIR/tomcat_$TOMCAT_DOMAINS/bin/startup.sh
                echo -e "\033[32m----------------------\033[0m"
                        echo -e "\033[32mThe Nginx $TOMCAT_DOMAINS ADD Success.\
033[0m"
                sleep 5
                ps -ef|grep "$TOMCAT_DOMAINS"|grep -v "$0"
                netstat -tnlp|grep -aiwE "6001|7001|8001"
                setenforce 0
                systemctl stop firewalld.service
                service iptables stop
            else
                ls -l $TOMCAT_DIR/ |grep "$TOMCAT_DOMAINS" >>/dev/null 2>&1
                if [ $? -ne 0 ];then
```

```
                #Install Tomcat WEB
                        PORT1=$(expr $MAX_PORT - 2000 + 1)
                        PORT2=$(expr $MAX_PORT - 1000 + 1)
                        PORT3=$(expr $MAX_PORT + 1)
                        ls -l $TOMCAT_SOFT
                        tar -xzvf $TOMCAT_SOFT >/dev/null
                        mkdir -p $TOMCAT_DIR/tomcat_$TOMCAT_DOMAINS/
                        \mv apache-tomcat-$TOMCAT_VER/* $TOMCAT_DIR/
tomcat_$TOMCAT_DOMAINS/ >/dev/null 2>&1
                        sed -i "s/6001/$PORT1/g" $TOMCAT_DIR/tomcat_
$TOMCAT_DOMAINS/conf/server.xml
                        sed -i "s/7001/$PORT2/g" $TOMCAT_DIR/tomcat_
$TOMCAT_DOMAINS/conf/server.xml
                        sed -i "s/8001/$PORT3/g" $TOMCAT_DIR/tomcat_
$TOMCAT_DOMAINS/conf/server.xml
                        $TOMCAT_DIR/tomcat_$TOMCAT_DOMAINS/bin/startup.sh
                echo -e "\033[32m-----------------------\033[0m"
                        echo -e "\033[32mThe Nginx $TOMCAT_DOMAINS ADD
Success.\033[0m"
                        sleep 5
                ps -ef|grep "$TOMCAT_DOMAINS"|grep -v "$0"
                        netstat -tnlp|grep -aiwE "$PORT1|$PORT2|$PORT3"
                        setenforce 0
                        systemctl stop firewalld.service
                        service iptables stop
            else
                echo -e "\033[32m-----------------------\033[0m"
                                echo -e "\033[32mThe Tomcat $TOMCAT_DOMAINS
Already Exist,Please Exit.\033[0m"
                echo "ls -l $TOMCAT_DIR/tomcat_$TOMCAT_DOMAINS/"
                                ls -l $TOMCAT_DIR/tomcat_$TOMCAT_DOMAINS/
            fi
        fi
    done
else
    for TOMCAT_DOMAINS in $*
    do
        ls -l $TOMCAT_DIR/ |grep "$TOMCAT_DOMAINS" >>/dev/null 2>&1
        if [ $? -ne 0 ];then
            MAX_PORT=$(for i in $(find /usr/local/ -name "server.xml");do
grep -ai "port=" $i;done|awk -F"=" '{print $2}'|awk '{print $1}'|sed
```

```
's/\"//g'|grep -aivE "8443"|sort -nr|head -1)
            #Install Tomcat WEB
            PORT1=$(expr $MAX_PORT - 2000 + 1)
            PORT2=$(expr $MAX_PORT - 1000 + 1)
            PORT3=$(expr $MAX_PORT + 1)
            ls -l $TOMCAT_SOFT
            tar -xzvf $TOMCAT_SOFT >/dev/null
            mkdir -p $TOMCAT_DIR/tomcat_$TOMCAT_DOMAINS/
            \mv apache-tomcat-$TOMCAT_VER/* $TOMCAT_DIR/tomcat_$TOMCAT_
DOMAINS/ >/dev/null 2>&1
            sed -i "s/6001/$PORT1/g" $TOMCAT_DIR/tomcat_$TOMCAT_DOMAINS/
conf/server.xml
            sed -i "s/7001/$PORT2/g" $TOMCAT_DIR/tomcat_$TOMCAT_DOMAINS/
conf/server.xml
            sed -i "s/8001/$PORT3/g" $TOMCAT_DIR/tomcat_$TOMCAT_DOMAINS/
conf/server.xml
            $TOMCAT_DIR/tomcat_$TOMCAT_DOMAINS/bin/startup.sh
            echo -e "\033[32m----------------------\033[0m"
                  echo -e "\033[32mThe Tomcat $TOMCAT_DOMAINS ADD
Success.\033[0m"
            sleep 5
            ps -ef|grep "$TOMCAT_DOMAINS"|grep -v "$0"
            netstat -tnlp|grep -aiwE "$PORT1|$PORT2|$PORT3"
            setenforce 0
            systemctl stop firewalld.service
            service iptables stop
         else
                        echo -e "\033[32m----------------------\033[0m"
                        echo -e "\033[32mThe Tomcat $TOMCAT_DOMAINS
Already Exist,Please Exit.\033[0m"
            echo "ls -l $TOMCAT_DIR/tomcat_$TOMCAT_DOMAINS/"
                        ls -l $TOMCAT_DIR/tomcat_$TOMCAT_DOMAINS/
         fi
      done
   fi
}
case $1 in
   -i|-I)
   nginx_install $*
   ;;
   -u|-U)
```

```
    nginx_update $*
    ;;
    -a|-A)
    virtual_add $*
    ;;
    -d|-D)
    virtual_del $*
    ;;
    -t|-T)
    tomcat_install $*
    ;;
    * )
    nginx_help
    ;;
esac
```

2.23 Shell 编程密码远程执行命令脚本

Shell 编程密码远程执行命令脚本，编写思路如下：

（1）自动将服务器 IP 和用户名、密码表保存至文件 list.txt。

（2）自动安装 expect 远程交互工具。

（3）自动编写 expect 远程执行命令文件。

（4）支持任意命令远程执行。

（5）支持列表循环操作多台服务器。

相关代码如下：

```
#!/bin/sh
#auto exec expect shell scripts
#by author www.jfedu.net 2021
if
     [ ! -e /usr/bin/expect ];then
     yum  install expect -y
fi
#Judge passwd.txt exist
if
     [ ! -e ./passwd.txt ];then
     echo -e "The passwd.txt is not exist......Please touch ./passwd.txt ,
Content Example:\n192.168.1.11 passwd1\n192.168.1.12 passwd2"
```

```
    sleep 2 &&exit 0
fi
#Auto Touch login.exp File
cat>login.exp <<EOF
#!/usr/bin/expect -f
set ip [lindex \$argv 0 ]
set passwd [lindex \$argv 1 ]
set command [lindex \$argv 2]
set timeout -1
spawn ssh root@\$ip
expect {
"yes/no" { send "yes\r";exp_continue }
"password:" { send "\$passwd\r" }
}
expect "*#*" { send "\$command\r" }
expect  "#*"  { send "exit\r" }
expect eof
EOF
##Auto exec shell scripts
CMD="$*"
if
   [ "$1" == "" ];then
   echo ===========================================================
   echo "Please insert your command ,Example {/bin/sh  $0 'mkdir -p
/tmp'} ,waiting exit .......... "
   sleep 2
   exit 1
fi
for i in 'awk '{print $1}' passwd.txt'
do
   j='awk -v I="$i" '{if(I==$1)print $2}' passwd.txt'
   expect ./login.exp  $i  $j  "$CMD"
done
```

2.24　Shell 编程密码远程复制文件脚本

Shell 编程密码远程复制文件脚本，编写思路如下：

（1）自动将服务器 IP 和用户名、密码表保存至文件 list.txt。

（2）自动安装 expect 远程交互工具。

（3）自动编写 expect 远程执行复制文件。

（4）支持任意文件远程复制操作。

（5）支持列表循环操作多台服务器。

相关代码如下：

```
#!/bin/sh
#auto exec expect shell scripts
#by author www.jfedu.net 2021
if
     [ ! -e /usr/bin/expect ];then
     yum  install expect -y
fi
#Judge passwd.txt exist
if
     [ ! -e ./passwd.txt ];then
     echo -e "The passwd.txt is not exist......Please touch ./passwd.txt ,
Content Example:\n192.168.1.11 passwd1\n192.168.1.12 passwd2"
     sleep 2 &&exit 0
fi
#Auto Touch login.exp File
cat>login.exp <<EOF
#!/usr/bin/expect -f
set ip [lindex \$argv 0]
set passwd [lindex \$argv 1]
set src_file [lindex \$argv 2]
set des_dir [lindex \$argv 3]
set timeout -1
spawn scp -r \$src_file root@\$ip:\$des_dir
expect {
"yes/no"    { send "yes\r"; exp_continue }
"password:"  { send "\$passwd\r" }
}
expect "100%"
expect eof
EOF
##Auto exec shell scripts
if
   [ "$1" == "" ];then
   echo ============================================================
   echo "Please insert your are command ,Example {/bin/sh  $0 /src
/des } ,waiting exit ........... "
   sleep 2
```

```
    exit 1
fi
for i in 'awk '{print $1}'  passwd.txt'
do
     j='awk -v I="$i" '{if(I==$1)print $2}' passwd.txt'
     expect ./login.exp  $i  $j $1 $2
done
```

2.25　Shell 编程 Bind DNS 管理脚本

Bind 主要应用于企业 DNS 构建平台，而 DNS 用于解析域名与 IP 地址，用户在浏览器只需输入域名，即可访问服务器对应 IP 地址的虚拟主机网站。

Bind 难点在于创建各种记录，例如 A 记录、mail 记录、反向记录、资源记录等，Shell 脚本可以减轻人工的操作，节省大量的时间成本。

Shell 脚本实现 Bind 自动安装、初始化 Bind 环境、自动添加 A 记录、反向记录、批量添加 A 记录，编写思路如下：

（1）YUM 方式自动安装 Bind。

（2）自动初始化 Bind 配置。

（3）创建安装，初始化，添加记录函数。

（4）自动添加单个 A 记录及批量添加 A 记录和反向记录。

相关代码如下：

```
#!/bin/bash
#Auto install config bind server
#By author jfedu.net 2021
#Define Path variables
BND_ETC=/var/named/chroot/etc
BND_VAR=/var/named/chroot/var/named
BAK_DIR=/data/backup/dns_'date +%Y%m%d-%H%M'
##Backup named server
if
     [ ! -d  $BAK_DIR ];then
     echo "Please waiting  Backup Named Config ..........."
     mkdir   -p  $BAK_DIR
     cp -a  /var/named/chroot/{etc,var}   $BAK_DIR
     cp -a  /etc/named.* $BAK_DIR
```

```
fi
##Define Shell Install Function
Install ()
{
  if
     [ ! -e /etc/init.d/named ];then
     yum install bind* -y
else
     echo -------------------------------------------------
     echo "The Named Server is exists ,Please exit ........"
     sleep 1
 fi
}
##Define Shell Init Function
Init_Config ()
{
       sed  -i -e 's/localhost;/any;/g' -e '/port/s/127.0.0.1/any/g'
/etc/named.conf
       echo -------------------------------------------------
       sleep 2
       echo "The named.conf config Init success !"
}
##Define Shell Add Name Function
Add_named ()
{
##DNS name
       read -p  "Please  Insert Into Your Add Name ,Example 51cto.com :" NAME
       echo $NAME |grep -E "com|cn|net|org"
       while
        [ "$?" -ne 0 ]
         do
        read -p  "Please  reInsert Into Your Add Name ,Example 51cto.com :"
NAME
        echo $NAME |grep -E "com|cn|net|org"
     done
## IP address
       read -p  "Please  Insert Into Your Name Server IP ADDress:" IP
       echo $IP |egrep -o "([0-9]{1,3}\.){3}[0-9]{1,3}"
       while
       [ "$?" -ne "0" ]
        do
```

```
        read -p  "Please  reInsert Into Your Name Server IP ADDress:" IP
       echo $IP |egrep -o "([0-9]{1,3}\.){3}[0-9]{1,3}"
      done
       ARPA_IP='echo $IP|awk -F. '{print $3"."$2"."$1}''
       ARPA_IP1='echo $IP|awk -F. '{print $4}''
       cd  $BND_ETC
       grep  "$NAME" named.rfc1912.zones
if
         [ $? -eq 0 ];then
         echo "The $NAME IS exist named.rfc1912.zones conf ,please exit ..."
         exit
else
        read -p  "Please  Insert Into SLAVE Name Server IP ADDress:" SLAVE
        echo $SLAVE |egrep -o "([0-9]{1,3}\.){3}[0-9]{1,3}"
        while
        [ "$?" -ne "0" ]
        do
           read -p  "Please  Insert Into SLAVE Name Server IP ADDress:" SLAVE
           echo $SLAVE |egrep -o "([0-9]{1,3}\.){3}[0-9]{1,3}"
        done
           grep  "rev" named.rfc1912.zones
       if
         [ $? -ne 0 ];then
           cat >>named.rfc1912.zones <<EOF
#'date +%Y-%m-%d' Add $NAME CONFIG
zone "$NAME" IN {
        type master;
        file "$NAME.zone";
        allow-update { none; };
};
zone "$ARPA_IP.in-addr.arpa" IN {
        type master;
        file "$ARPA_IP.rev";
        allow-update { none; };
};
EOF
      else
        cat >>named.rfc1912.zones <<EOF

#'date +%Y-%m-%d' Add $NAME CONFIG
zone "$NAME" IN {
```

```
        type master;
        file "$NAME.zone";
        allow-update { none; };
};
EOF
    fi
fi
      [ $? -eq 0 ]&& echo "The $NAME config name.rfc1912.zones success !"
      sleep 3 ;echo "Please waiting config $NAME zone File ............"
      cd  $BND_VAR
      read -p "Please insert Name DNS A HOST ,EXample  www or mail :" HOST
      read -p "Please insert Name DNS A NS IP ADDR ,EXample 192.168.111.130 :"
IP_HOST
      echo $IP_HOST |egrep -o "([0-9]{1,3}\.){3}[0-9]{1,3}"
      ARPA_IP2='echo $IP_HOST|awk -F. '{print $3"."$2"."$1}''
      ARPA_IP3='echo $IP_HOST|awk -F. '{print $4}''
      while
      [ "$?" -ne "0" ]
do
      read -p "Please Reinsert Name DNS A IPADDRESS ,EXample 192.168.111.
130 :" IP_HOST
      echo $IP_HOST |egrep -o "([0-9]{1,3}\.){3}[0-9]{1,3}"
done
      cat >$NAME.zone <<EOF
\$TTL   86400
@              IN SOA  localhost.     root.localhost. (
                                    43              ; serial (d. adams)
                                    1H              ; refresh
                                    15M             ; retry
                                    1W              ; expiry
                                    1D )            ; minimum

               IN  NS        $NAME.
EOF
      REV='ls  *.rev'
      ls  *.rev >>/dev/null
if
      [ $? -ne 0 ];then
      cat >>$ARPA_IP.rev <<EOF
\$TTL   86400
@      IN     SOA    localhost.   root.localhost.  (
```

```
                                    1997022703 ; Serial
                                    28800      ; Refresh
                                    14400      ; Retry
                                    3600000    ; Expire
                                    86400 )    ; Minimum

         IN  NS  $NAME.
EOF
      echo  "$HOST            IN  A          $IP_HOST" >>$NAME.zone
      echo  "$ARPA_IP3        IN  PTR        $HOST.$NAME." >>$ARPA_IP.rev
      [ $? -eq 0 ]&& echo -e "The $NAME config success:\n$HOST       IN  A
$IP_HOST\n$ARPA_IP3        IN  PTR        $HOST.$NAME."
else
      sed -i  "9a IN  NS  $NAME." $REV
      echo  "$HOST            IN  A          $IP_HOST" >>$NAME.zone
      echo  "$ARPA_IP3        IN  PTR        $HOST.$NAME." >>$REV
      [ $? -eq 0 ]&& echo -e "The $NAME config success1:\n$HOST       IN  A
$IP_HOST\n$ARPA_IP3        IN  PTR        $HOST.$NAME."
fi
}
##Define Shell List A Function
Add_A_List ()
{
if
     cd  $BND_VAR
     REV='ls  *.rev'
     read -p  "Please  Insert Into Your Add Name ,Example 51cto.com :" NAME
     [ ! -e "$NAME.zone" ];then
     echo "The $NAME.zone File is not exist ,Please ADD $NAME.zone File :"
     Add_named ;
else
     read -p "Please Enter List Name A NS File ,Example /tmp/name_list.txt:
" FILE
   if
     [ -e $FILE ];then
     for i in  'cat $FILE|awk '{print $2}'|sed "s/$NAME//g"|sed 's/\.$//g''
     #for i in  'cat $FILE|awk '{print $1}'|sed "s/$NAME//g"|sed 's/\.$//g''
do
     j='awk -v I="$i.$NAME" '{if(I==$2)print $1}' $FILE'
     echo -----------------------------------------------------------
```

```
        echo "The $NAME.zone File is exist ,Please Enter insert NAME HOST ...."
        sleep 1
        ARPA_IP='echo $j|awk -F. '{print $3"."$2"."$1}''
        ARPA_IP2='echo $j|awk -F. '{print $4}''
        echo  "$i             IN  A           $j" >>$NAME.zone
        echo  "$ARPA_IP2      IN  PTR      $i.$NAME." >>$REV
        [ $? -eq 0 ]&& echo -e "The $NAME config success:\n$i      IN  A
$j\n$ARPA_IP2         IN  PTR        $i.$NAME."
done
    else
      echo "The $FILE List File IS Not Exist .......,Please exit ..."
    fi
fi
}
##Define Shell Select Menu
PS3="Please select Menu Name Config: "
select i in "自动安装Bind服务"  "自动初始化Bind配置" "添加解析域名"  "批量添加A
记录"
do
case  $i  in
        "自动安装Bind服务")
        Install
;;
        "自动初始化Bind配置")
        Init_Config
;;
        "添加解析域名")
        Add_named
;;
        "批量添加A记录")
        Add_A_List
;;
        * )
        echo ----------------------------------------------------------
        sleep 1
        echo "Please exec: sh  $0  { Install(1)  or Init_Config(2) or
Add_named(3) or Add_config_A(4) }"
;;
esac
done
```

2.26　Shell 编程 Docker 虚拟化管理脚本

Docker 虚拟化是目前主流的虚拟化解决方案，越来越多的企业在使用 Docker 轻量级虚拟化，构建、维护和管理 Docker 虚拟化平台是非常重要的环节，开发 Docker Shell 脚本可以在命令行界面快速管理和维护 Docker。

Shell 脚本实现 Docker 自动安装、自动导入镜像、创建虚拟机、指定 IP 地址、将创建的 Docker 虚拟机加入 Excel 存档或加入 MySQL 数据库，编写思路如下：

（1）基于 CentOS 6.5+或 7.x YUM 安装 Docker。

（2）Docker 脚本参数指定 CPU、内存和硬盘容量。

（3）Docker 自动检测局域网 IP 并赋予 Docker 虚拟机。

（4）Docker 基于 pipework 指定 IP。

（5）将创建的 Docker 虚拟机加入 CSV（Excel）或 MySQL 数据库。

相关代码如下：

```
#!/bin/bash
#Auto install docker and Create VM
#By author jfedu.net 2021
#Define Path variables
IPADDR='ifconfig|grep -E "\<inet\>"|awk '{print $2}'|grep "192.168"|head -1'
GATEWAY='route -n|grep "UG"|awk '{print $2}'|grep "192.168"|head -1'
IPADDR_NET='ifconfig|grep -E "\<inet\>"|awk '{print $2}'|grep "192.168"
|head -1|awk -F. '{print $1"."$2"."$3"."}''
LIST="/root/docker_vmlist.csv"
if [ ! -f /usr/sbin/ifconfig ];then
   yum install net-tools* -y
fi
for i in 'seq 1 253';do ping -c 1 ${IPADDR_NET}${i} ;[ $? -ne 0 ]&&
DOCKER_IPADDR="${IPADDR_NET}${i}" &&break;done >>/dev/null 2>&1
echo "##################"
echo -e "Dynamic get docker IP,The Docker IP address\n\n$DOCKER_IPADDR"
NETWORK=(
   HWADDR='ifconfig eth0|grep ether|awk '{print $2}''
   IPADDR='ifconfig eth0|grep -E "\<inet\>"|awk '{print $2}''
   NETMASK='ifconfig eth0|grep -E "\<inet\>"|awk '{print $4}''
   GATEWAY='route -n|grep "UG"|awk '{print $2}''
)
```

```
if [ -z "$1" -o -z "$2" ];then
    echo -e "\033[32m-----------------------------------\033[0m"
    echo -e "\033[32mPlease exec $0 CPU(C) MEM(G),example $0 4 8\033[0m"
    exit 0
fi
#CPU='expr $2 - 1'
if [ ! -e /usr/bin/bc ];then
    yum install bc -y >>/dev/null 2>&1
fi
CPU_ALL='cat /proc/cpuinfo |grep processor|wc -l'
if [ ! -f $LIST ];then
    CPU_COUNT=$1
    CPU_1="0"
    CPU1='expr $CPU_1 + 0'
    CPU2='expr $CPU1 + $CPU_COUNT - 1'
    if [ $CPU2 -gt $CPU_ALL ];then
        echo -e "\033[32mThe System CPU count is $CPU_ALL,not more than
it.\033[0m"
        exit
    fi
else
    CPU_COUNT=$1
    CPU_1='cat $LIST|tail -1|awk -F"," '{print $4}'|awk -F"-" '{print $2}''
    CPU1='expr $CPU_1 + 1'
    CPU2='expr $CPU1 + $CPU_COUNT - 1'
    if [ $CPU2 -gt $CPU_ALL ];then
        echo -e "\033[32mThe System CPU count is $CPU_ALL,not more than
it.\033[0m"
        exit
    fi
fi
MEM_F='echo $2 \* 1024|bc'
MEM='printf "%.0f\n" $MEM_F'
DISK=20
USER=$3
REMARK=$4
ping $DOCKER_IPADDR -c 1 >>/dev/null 2>&1
if [ $? -eq 0 ];then
    echo -e "\033[32m-----------------------------------\033[0m"
    echo -e "\033[32mThe IP address to be used,Please change other
IP,exit.\033[0m"
```

```
    exit 0
fi
if [ ! -e /usr/bin/docker ];then
    yum install docker* device-mapper*  -y
    mkdir -p /export/docker/
    cd /var/lib/ ;rm -rf docker ;ln -s /export/docker/ .
    mkdir -p /var/lib/docker/devicemapper/devicemapper
    dd if=/dev/zero of=/var/lib/docker/devicemapper/devicemapper/data bs=1G
count=0 seek=2000
    service docker start
    if [ $? -ne 0 ];then
        echo "Docker install error ,please check."
        exit
    fi
fi
cd  /etc/sysconfig/network-scripts/
    mkdir -p /data/backup/'date +%Y%m%d-%H%M'
    yes|cp ifcfg-eth* /data/backup/'date +%Y%m%d-%H%M'/
if
    [ -e /etc/sysconfig/network-scripts/ifcfg-br0 ];then
    echo
else
    cat >ifcfg-eth0 <<EOF
    DEVICE=eth0
    BOOTPROTO=none
    ${NETWORK[0]}
    NM_CONTROLLED=no
    ONBOOT=yes
    TYPE=Ethernet
    BRIDGE="br0"
    ${NETWORK[1]}
    ${NETWORK[2]}
    ${NETWORK[3]}
    USERCTL=no
EOF
    cat >ifcfg-br0 <<EOF
    DEVICE="br0"
    BOOTPROTO=none
    ${NETWORK[0]}
    IPV6INIT=no
    NM_CONTROLLED=no
```

```
    ONBOOT=yes
    TYPE="Bridge"
    ${NETWORK[1]}
    ${NETWORK[2]}
    ${NETWORK[3]}
    USERCTL=no
EOF
    /etc/init.d/network restart
fi
echo 'Your can restart Ethernet Service: /etc/init.d/network restart !'
echo '------------------------------------------------------------'

cd -
#######create docker container
service docker status >>/dev/null
if [ $? -ne 0 ];then
    service docker restart
fi
NAME="Docker_'echo $DOCKER_IPADDR|awk -F"." '{print $(NF-1)"_"$NF}''"
IMAGES='docker images|grep -v "REPOSITORY"|grep -v "none"|grep "jfedu"|head
-1|awk '{print $1}''
if [ -z $IMAGES ];then
    echo "Plesae Download Docker Centos Images,you can to be use docker search
centos,and docker pull centos6.5-ssh,exit 0"
    if [ ! -f jfedu_centos68.tar ];then
        echo "Please upload jfedu_centos68.tar for docker server."
        exit
    fi
    cat jfedu_centos68.tar|docker import - jfedu_centos6.8
fi
IMAGES='docker images|grep -v "REPOSITORY"|grep -v "none"|grep "jfedu"|head
-1|awk '{print $1}''
CID=$(docker run -itd --privileged --cpuset-cpus=${CPU1}-${CPU2} -m ${MEM}m
--net=none --name=$NAME $IMAGES /bin/bash)
echo $CID
docker ps -a |grep "$NAME"
pipework br0 $NAME  $DOCKER_IPADDR/24@$IPADDR
docker exec $NAME /etc/init.d/sshd start
if [ ! -e $LIST ];then
    echo "编号,容器 ID,容器名称,CPU,内存,硬盘,容器 IP,宿主机 IP,使用人,备注" >$LIST
fi
```

```
####################
NUM='cat $LIST |grep -v CPU|tail -1|awk -F, '{print $1}''
if [[ $NUM -eq "" ]];then
       NUM="1"
else
       NUM='expr $NUM + 1'
fi
###################
echo -e "\033[32mCreate virtual client Successfully.\n$NUM 'echo $CID|cut
-b 1-12',$NAME,$CPU1-$CPU2,${MEM}M,${DISK}G,$DOCKER_IPADDR,$IPADDR,$USER,
$REMARK\033[0m"
if [ -z $USER ];then
    USER="NULL"
    REMARK="NULL"
fi
echo $NUM, 'echo $CID|cut -b 1-12',$NAME,$CPU1-$CPU2,${MEM}M,${DISK}G,
$DOCKER_IPADDR,$IPADDR,$USER,$REMARK >>$LIST
rm -rf /root/docker_vmlist_*
iconv -c -f utf-8 -t gb2312 $LIST  -o /root/docker_vmlist_'date +%H%M'.csv
```

2.27　Shell 编程脚本

2.27.1　Shell 编程采集服务器硬件信息脚本

Shell 编程采集服务器硬件信息脚本，编写思路如下：

（1）创建数据库和表存储服务器信息。

（2）基于获取硬件服务器 CPU、内存、硬盘、网卡等相关信息。

（3）将获取的信息写成 SQL 语句，并插入数据库。

（4）定期对 SQL 数据进行备份。

（5）将脚本加入 Crontab 实现自动备份。

2.27.2　Shell 编程 Linux 系统初始化脚本

Shell 编程 Linux 系统初始化脚本，编写思路如下：

（1）Linux 系统安装完成，自动初始化系统。

（2）关闭不必要的端口。

（3）关闭不必要的服务。

（4）添加同步时间任务计划。

（5）优化相关 Linux 内核参数。

2.27.3 Shell 编程 Xtrabackup 数据库自动备份脚本

Shell 编程 Xtrabackup 数据库自动备份脚本，编写思路如下：

（1）支持 MySQL 单个库备份。

（2）支持 MySQL 多个库备份。

（3）支持 MySQL 全数据库备份。

（4）支持 MySQL 指定数据库增量备份。

（5）支持 MySQL 指定多个数据库增量备份。

（6）支持 MySQL 数据库定期删除。

2.27.4 Shell 编程 Linux 服务器免密钥分发脚本

Shell 编程 Linux 服务器免密钥分发脚本，编写思路如下：

（1）基于 ssh-keygen 自动生成公钥和私钥。

（2）给定所有客户端的 IP、用户名和密码信息。

（3）基于命令工具将公钥自动复制到远程机器。

（4）给定的客户端 ip.txt 信息如下：

```
#ip    user   password
192.168.1.100  root  123456
192.168.1.101  root  1qaz@WSX
192.168.1.102  root  123
192.168.1.103  root  456
```

2.27.5 Shell 编程 Nginx 多版本软件安装脚本

Shell 编程 Nginx 多版本软件安装脚本，编写思路如下：

（1）安装不同的 Nginx 版本。

（2）检测系统是否已经存在，是否可以覆盖版本。

（3）启动 Nginx 并测试访问。

（4）支持多个版本指定目录安装和启动。

2.27.6　Shell 编程自动收集软件、端口、进程脚本

Shell 编程自动收集软件、端口、进程脚本，编写思路如下：

（1）收集服务器所有端口和对应的服务。

（2）收集服务器对应服务 Nginx 发布目录、虚拟主机。

（3）收集服务器对应服务 MySQL 数据目录、配置文件。

2.27.7　Shell 编程 LVS 负载均衡管理脚本

Shell 编程 LVS 负载均衡管理脚本，编写思路如下：

（1）Shell 脚本自动安装 LVS 负载均衡。

（2）支持添加 VIP 地址。

（3）支持在 VIP 上添加后端 Realserver IP。

（4）支持删除后端真实 IP 和 VIP。

2.27.8　Shell 编程 Keepalived 管理脚本

Shell 编程 Keepalived 管理脚本，编写思路如下：

（1）Shell 脚本支持自动配置 Keepalived 服务。

（2）自动添加负载均衡 VIP。

（3）能够在已有的 VIP 均衡中添加 Realserver IP。

（4）支持删除某个 VIP 中指定的 Realserver IP。

2.27.9　Shell 编程 Discuz 门户网站自动部署脚本

Shell 编程 Discuz 门户网站自动部署脚本，编写思路如下：

（1）Shell 脚本支持从 SVN 获取网站代码。

（2）实现创建备份目录&备份源网站。

（3）将新的文件更新至 Discuz 对应的目录。

2.27.10 Shell 编程监控 Linux 磁盘分区容量脚本

Shell 编程监控 Linux 磁盘分区容量脚本，编写思路如下：

（1）Shell 脚本实现 Linux 多个分区监控。

（2）打印磁盘使用率超过 85%的分区。

（3）将分区使用率超过 85%的磁盘发送 SA 邮件报警。

（4）将分区使用率超过 85%的磁盘发送 SA 微信报警。

第 3 章 自动化运维发展

随着企业服务器数量越来越多，服务器日常管理也逐渐繁杂，如果每天通过人工频繁地更新或者部署及管理这些服务器，势必会浪费大量的时间，且有可能出现某些疏忽或遗漏。

本章将介绍如何构建企业自动化运维之路、传统运维方式存在的问题及自动化运维的具体内容、建立高效的 IT 自动化运维管理的步骤及工厂自动化运维工具、体系等。

3.1 传统运维方式简介

传统的 IT 运维是等到 IT 故障出现后再由运维人员采取相应的补救措施。这种被动、孤立、半自动式的 IT 运维管理模式经常让 IT 部门疲惫不堪，主要表现在以下 3 方面。

（1）运维人员被动、效率低。

在 IT 运维过程中，只有当事件已经发生并已造成业务影响时才能被发现和着手处理，这种被动“救火”不但使 IT 运维人员终日忙碌，也使 IT 运维本身质量很难提高，导致 IT 部门和业务部门对 IT 运维的服务满意度都不高。

（2）缺乏一套高效的 IT 运维机制。

许多企业在 IT 运维管理过程中缺少自动化的运维管理模式，也没有明确的角色定义和责任划分，使问题出现后很难快速、准确地找到根本原因，无法及时联系相应的人员进行修复和处理，或者在问题找到后缺乏流程化的故障处理机制，且在处理问题时不但欠缺规范化的解决方案，也缺乏全面的跟踪记录。

（3）缺乏高效的 IT 运维技术工具。

随着信息化建设的深入，企业 IT 系统日趋复杂，林林总总的网络设备、服务器、中间件、业务系统等让 IT 运维人员难以从容应对，即使加班加点地维护、部署、管理，也经常会因设备出现故障而导致业务中断，严重影响企业的正常运转。

出现这些问题部分原因是企业缺乏事件监控和诊断工具等 IT 运维技术工具，没有高效的技术工具的支持，故障事件则很难得到主动、快速的处理。

3.2 自动化运维简介

IT 运维已经在风风雨雨中走过了十几个春秋，如今它正以一种全新的姿态出现在我们面前。IT 系统的复杂性已经客观上要求 IT 运维必须能够实现数字化、自动化维护，自动化运维是 IT 技术发展的必然结果。

自动化运维是指将 IT 运维中日常的、大量的重复性工作自动化，把过去的手动执行转为自动化操作。自动化是 IT 运维工作的升华，IT 自动化运维不单纯是一个维护过程，更是一个管理的提升过程，是 IT 运维的最高层次，也是未来的发展趋势。

3.3 自动化运维的具体内容

日常 IT 运维中大量的重复性工作（小到简单的日常检查、配置变更和软件安装，大到整个流程变更的组织调度）由过去的手动执行转为自动化操作，从而减少乃至消除运维中的延迟，实现“零延时”的 IT 运维。

简单地说，IT 自动化运维是指基于流程化的框架，将事件与 IT 流程相关联，一旦被监控系统发生性能超标或宕机，会触发相关事件及事先定义好的流程，可自动启动故障响应和恢复机制。

3.4 建立高效的 IT 自动化运维管理

建立高效的 IT 自动化运维管理主要有以下几个步骤。

（1）建立自动化运维管理平台。

IT 运维自动化管理建设的第一步是要先建立 IT 运维的自动化监控和管理平台。通过监控工具实现对用户操作规范的约束和对 IT 资源进行实时监控，包括服务器、数据库、中间件、存储备份、网络、安全、机房、业务应用和客户端等，通过自动监控管理平台实现故障或问题综合处理和集中管理。

（2）建立故障事件自动触发流程，提高故障处理效率。

所有 IT 设备在遇到问题时都要报警，无论是系统自动报警还是人员报警，报警信息应以红色标识显示在运维屏幕上。IT 运维人员只需要按照相关知识库的数据，一步一步操作即可。

（3）建立规范的事件跟踪流程，强化运维执行力度。

需要建立故障和事件处理跟踪流程，利用表格工具等记录故障及其处理情况，以建立运维日志，并定期回顾，从中辨识和发现问题的线索和根源。

（4）设立 IT 运维关键流程，引入优先处理原则。

设置自动化流程时还需要引入优先处理原则，例行的事件按常规处理，特别事件要按优先级次序处理，也就是把事件细分为例行事件和例外关键事件。

3.5 IT 自动化运维工具

随着互联网 IT 运维的飞速发展，市场上涌现了大量的自动化配置维护工具，如 PSSH、Puppet、Chef、SaltStack、Ansible 等。自动配置工具存在的初衷就是为了更方便、快捷地进行配置管理，它易于安装和使用、语法也非常简单易学。

对于企业来说，要特别关注两类自动化工具：一是 IT 运维监控和诊断优化工具；二是运维流程自动化工具。这两类工具主要有以下应用。

（1）监控自动化：对重要的 IT 设备实施主动式监控，如路由器、交换机、防火墙等。

（2）配置变更检测自动化：IT 设备配置参数一旦发生变化，将触发变更流程并转给相关技术人员进行确认，通过自动检测协助 IT 运维人员发现和维护配置。

（3）维护事件提醒自动化：对 IT 设备和应用活动进行实时监控，当发生异常事件时系统自动启动报警和响应机制，第一时间通知相关责任人。

（4）系统健康检测自动化：定期自动对 IT 设备硬件和应用系统进行健康巡检，配合 IT 运维团队实施对系统的健康检查和监控。

（5）维护报告生成自动化：定期自动地对系统做日志的收集分析，记录系统运行状况，并通过阶段性的监控、分析和总结，定时提供 IT 运维的可用性及性能、系统资源利用状况分析报告。

3.6 IT 自动化运维体系

一个完善的自动化运维体系包括系统预备、配置管理及监控报警 3 个环节，每个环节实现的功能也各不相同，具体功能如下。

（1）系统预备类主要功能包括：

① 自动化安装操作系统。

② 自动初始化系统。

③ 自动安装各种软件包。

（2）配置管理类主要功能包括：

① 自动化部署业务系统软件包并完成配置。

② 远程管理服务器。

③ 配置文件、自动部署 Jenkins、网站代码变更回滚。

（3）监控报警类主要功能包括：

① 服务器可用性、性能、安全监控。

② 向管理员发送报警信息。

根据提供的功能不同，自动化运维工具可分为 3 类，如表 3-1 所示。

表 3-1　自动化运维工具分类

编　　号	系统预备类工具	配置管理类工具	监控报警类工具
1	Kickstart	Puppet	Nagios
2	Cobbler	SaltStack	Cacti
3	OpenQRM	Func	Ganglia
4	Spacewalk	Ansible	Zabbix

第 4 章 Puppet 自动运维企业实战

Puppet 是目前互联网主流三大自动化运维工具（Puppet、Ansible、SaltStack）之一，是一种 Linux、UNIX 平台的集中配置管理系统。配置管理系统用于管理文件、用户、进程、软件包等资源，设计目标是简化对这些资源的管理及妥善处理资源间的依赖关系。

本章将介绍 Puppet 工作原理、Puppet 安装配置、企业资源案例、Puppet 高可用集群配置、Puppet 批量更新部署网站、Puppet+SVN 实现代码自动部署等。

4.1 Puppet 入门

Puppet 使用一种描述性语言定义配置项，其中配置项被称为“资源”，描述性语言可以声明配置的状态，比如声明一个软件包应该被安装，或者一个服务应该被启用。

Puppet 可以运行一台服务器端，每个客户端通过 SSL 证书连接服务器，得到本机器的配置列表，然后根据列表完成配置工作。如果硬件性能比较高，维护和管理成千上万台机器是非常轻松的，前提是客户端机器的配置、服务器路径、软件保持一致。

在企业级的大规模生成环境中，如果只有一台 Puppet Master，压力会非常大，因为 Puppet 用 Ruby 语言编写，Ruby 是解析型语言，每个客户端来访问都要解析一次，当客户端服务器很多时，服务器端压力将很大，所以需要扩展成一个服务器集群组。

Puppet Master 可以看作一个 Web 服务器，实际上也是基于 Ruby 提供的 Web 服务器模块。因此，可以利用 Web 代理软件配合 Puppet Master 做集群设置，一般使用 Nginx+Puppet Master 整合构建大型企业自动化运维管理工具，Puppet 遵循 GPLv2 版权协议，项目主要开发者是 Luke Kanies。

Kanies 从 1997 年开始参与 UNIX 的系统管理工作，Puppet 的开发源于他在这份工作中积累的经验。因为对已有的配置工具不甚满意，2001—2005 年，Kanies 开始在 Reductive 实验室从事工具的开发。很快，Reductive 实验室发布了他们新的旗舰产品。

Puppet 是开源的基于 Ruby 的系统配置管理工具。Puppet 是一个 C/S 结构，所有的 Puppet 客户端同一个服务器端的 Puppet 通信，每个 Puppet 客户端每半小时（可以设置）连接一次服务器端，下载最新的配置文件，并严格按照配置文件配置服务器，配置完成以后 Puppet 客户端可以反馈给服务器端一个消息，如果报错也会给服务器端反馈一个消息。

4.2 Puppet 工作原理

要熟练掌握 Puppet 在企业生产环境中的应用，需要深入理解 Puppet 服务器端与客户端详细的工作流程及原理。图 4-1 所示为 Puppet Master 与 Agent 的完整工作流程图。

Puppet 工作原理详解如下。

（1）客户端 Puppetd 调用本地 facter，facter 会探测出该主机的常用变量，如主机名、内存大小、IP 地址等，然后 Puppetd 把这些信息发送到 Puppet 服务器端。

（2）Puppet 服务器端检测到客户端的主机名，然后会检测 manifest 中对应的 node 配置，并对这段内容进行解析，facter 发送过来的信息可以作为变量进行处理。

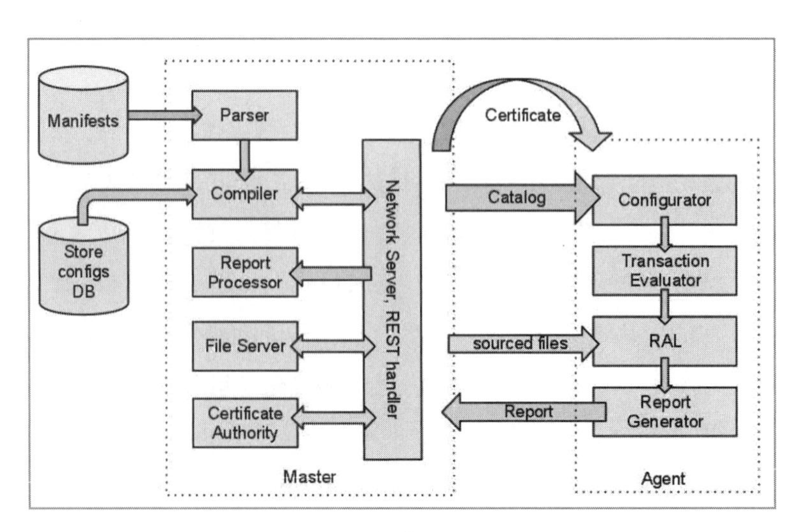

（a）

图 4-1 Puppet 工作原理示意图

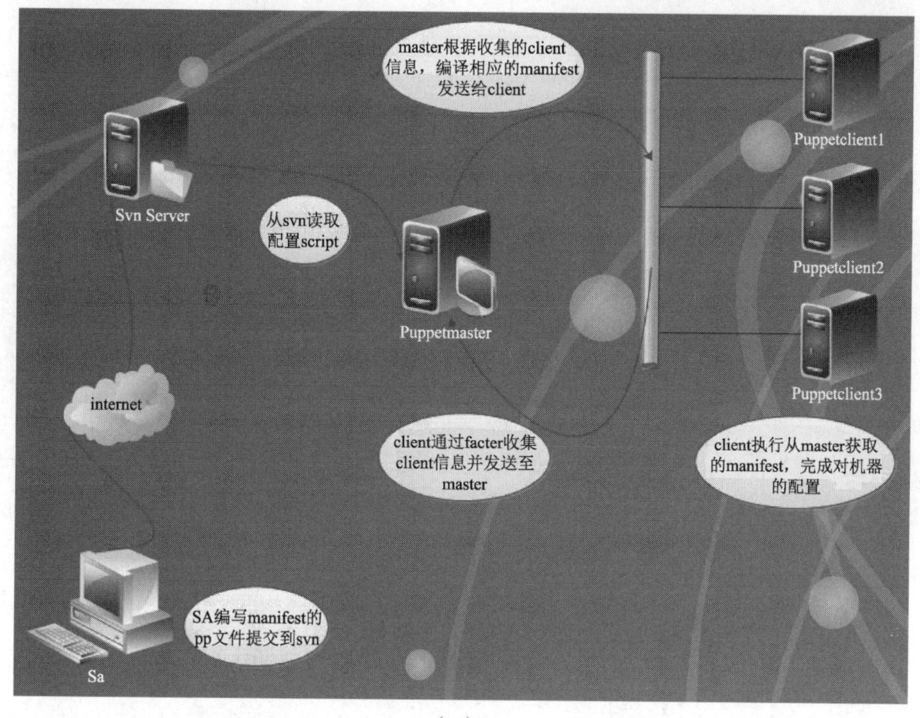

（b）

图 4-1　（续）

（3）Puppet 服务器端匹配 Puppet 客户端相关联的代码才进行解析，其他代码将不解析。解析分以下几个过程：语法检查，生成一个中间的伪代码，然后再把伪代码发给 Puppet 客户端。

（4）Puppet 客户端接收到伪代码之后就会执行，执行完后会将执行的结果发送给 Puppet 服务器端。

（5）Puppet 服务器端再把客户端的执行结果写入日志。

4.3　Puppet 安装配置

由于 Puppet 为 C/S 模式，构建 Puppet 平台需安装 Puppet 服务器端和客户端，安装之前需准备好系统环境。

```
操作系统版本：CentOS 6.5 x64
服务器端 ip 192.168.149.128  hostname：192-168-149-128-jfedu.net
客户端 ip 192.168.149.130  hostname：192-168-149-130-jfedu.net
```

（1）Puppet 服务器端安装。

由于 Puppet 主要是基于 hostname 检测的，所以 Puppet 服务器端需修改主机名称为 192-168-149-128-jfedu.net，并在 hosts 文件中添加主机名和本机 IP 的对应关系，如果本地局域网有 DNS 服务器，则无须修改 hosts 文件。修改主机名及配置 hosts 代码如下：

```
hostname 'ifconfig eth0 |grep Bcast|awk '{print $2}'|cut -d:  -f  2 |sed
's/\./\-/g''-jfedu.net
cat >>/etc/hosts<<EOF
192.168.149.128 192-168-149-128-jfedu.net
192.168.149.130 192-168-149-130-jfedu.net
EOF
```

Puppet 服务器端除了需要安装 Puppet 外，还需要 Ruby 语言的支持，需要安装 Ruby 相关软件包。默认 YUM 安装 Puppet，会自动下载并安装 Ruby 相关软件。相关代码如下，运行结果如图 4-2 所示。

```
rpm -Uvh http://yum.puppetlabs.com/el/6/products/x86_64/puppetlabs-
release-6-1.noarch.rpm
yum  install  puppet-server -y
/etc/init.d/puppetmaster  start
/etc/init.d/iptables     stop
sed -i  '/SELINUX/S/enforce/disabled/' /etc/selinux/config
setenforce  0
```

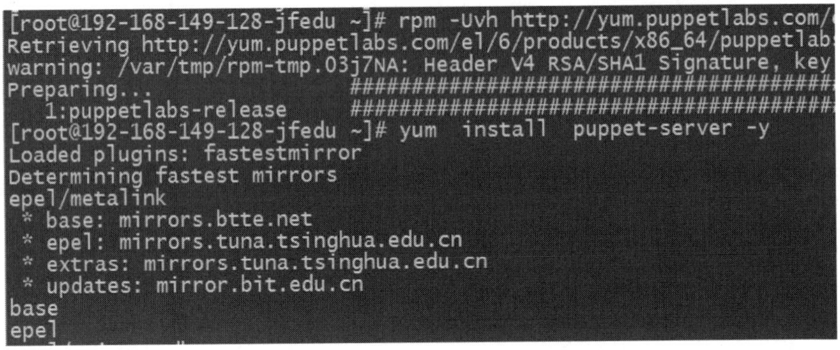

```
[root@192-168-149-128-jfedu ~]# rpm -Uvh http://yum.puppetlabs.com/
Retrieving http://yum.puppetlabs.com/el/6/products/x86_64/puppetlab
warning: /var/tmp/rpm-tmp.03j7NA: Header V4 RSA/SHA1 Signature, key
Preparing...                ########################################
   1:puppetlabs-release     ########################################
[root@192-168-149-128-jfedu ~]# yum  install  puppet-server -y
Loaded plugins: fastestmirror
Determining fastest mirrors
epel/metalink
 * base: mirrors.btte.net
 * epel: mirrors.tuna.tsinghua.edu.cn
 * extras: mirrors.tuna.tsinghua.edu.cn
 * updates: mirror.bit.edu.cn
base
epel
```

图 4-2　Puppet 服务器端安装

（2）Puppet 客户端安装。

Puppet 主要是基于 hostname 检测的，所以 Puppet 客户端也需要修改主机名称为 192-168-149-130-jfedu.net，并在 hosts 文件中添加主机名和本机 IP 的对应关系，如果本地局域网有 DNS 服务器，则无须修改 hosts 文件。修改主机名及配置 hosts 代码如下：

```
hostname 'ifconfig eth0 |grep Bcast|awk '{print $2}'|cut -d:  -f  2 |sed
's/\./\-/g''-jfedu.net
cat >>/etc/hosts<<EOF
192.168.149.128 192-168-149-128-jfedu.net
192.168.149.130 192-168-149-130-jfedu.net
EOF
```

Puppet 客户端除了需要安装 Puppet 外，还需要 Ruby 语言的支持，需要安装 Ruby 相关软件包。默认 YUM 安装 Puppet，会自动下载并安装 Ruby 相关软件。相关代码如下，运行结果如图 4-3 所示。

```
rpm -Uvh http://yum.puppetlabs.com/el/6/products/x86_64/puppetlabs-
release-6-1.noarch.rpm
yum  install  puppet -y
/etc/init.d/puppetmaster  start
/etc/init.d/iptables     stop
sed -i  '/SELINUX/S/enforce/disabled/' /etc/selinux/config
setenforce  0
```

```
[root@192-168-149-130-jfedu ~]# rpm -Uvh http://yum.puppetlabs.com/e

yum  install  puppet -y
/etc/init.d/puppetmaster  start
/etc/init.d/iptables      stop
sed -i  '/SELINUX/S/enforce/disabled/' /etc/selinux/config
setenforce  0
Retrieving http://yum.puppetlabs.com/el/6/products/x86_64/puppetlabs

warning: /var/tmp/rpm-tmp.3G98fV: Header V4 RSA/SHA1 Signature, key
Preparing...                ##########################################
   1:puppetlabs-release     ##########################################
[root@192-168-149-130-jfedu ~]# yum  install  puppet -y
Loaded plugins: fastestmirror
Loading mirror speeds from cached hostfile
epel/metalink
```

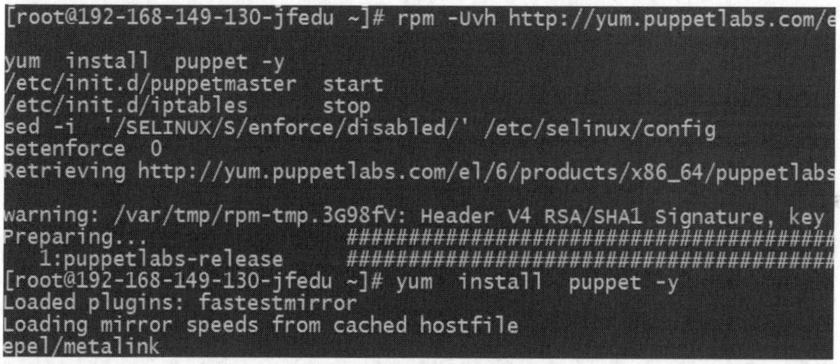

图 4-3　Puppet 客户端安装

（3）Puppet 客户端申请证书。

由于 Puppet 客户端与 Puppet 服务器端是通过 SSL 隧道通信的，客户端安装完成后，首次使用需向服务器端申请 Puppet 通信证书。Puppet 客户端第一次连接服务器端会发起证书申请，在 Puppet 客户端执行命令如下，运行结果如图 4-4 所示。

```
puppet  agent  --server 192-168-149-128-jfedu.net  --test
```

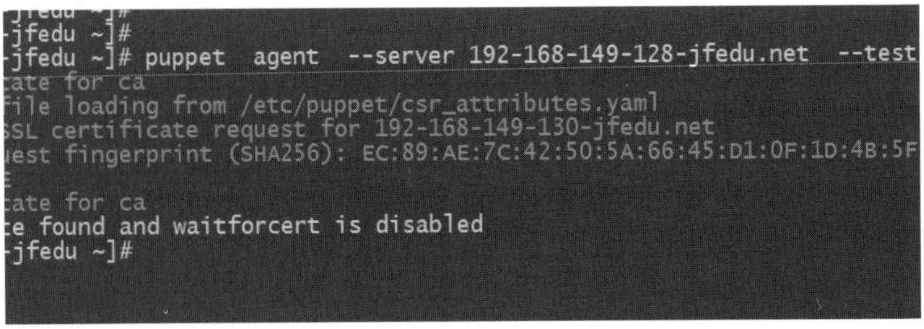

```
-jfedu ~]#
-jfedu ~]# puppet  agent  --server 192-168-149-128-jfedu.net  --test
cate for ca
file loading from /etc/puppet/csr_attributes.yaml
SSL certificate request for 192-168-149-130-jfedu.net
uest fingerprint (SHA256): EC:89:AE:7C:42:50:5A:66:45:D1:0F:1D:4B:5F
E
cate for ca
e found and waitforcert is disabled
-jfedu ~]#
```

图 4-4　Puppet 客户端发起证书申请

（4）Puppet 服务器端颁发证书。

Puppet 客户端向服务器发起证书申请，服务器端必须审核证书，如果不审核，客户端与服务器端将无法进行后续正常通信。Puppet 服务器端颁发证书命令代码如下，运行结果如图 4-5 所示。

```
puppet  cert  --list                                  #查看申请证书的客户端主机名
puppet  cert  -s  192-168-149-130-jfedu.net           #颁发证书给客户端
puppet  cert  -s                                      #为特定的主机颁发证书
puppet  cert  -s  and  -a                             #给所有的主机颁发证书
puppet  cert  --list   --all                          #查看已经颁发的所有证书
```

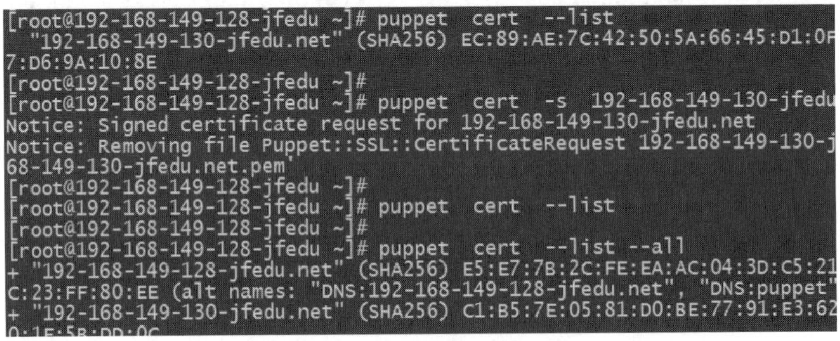

```
[root@192-168-149-128-jfedu ~]# puppet  cert  --list
  "192-168-149-130-jfedu.net" (SHA256) EC:89:AE:7C:42:50:5A:66:45:D1:0F
7:D6:9A:10:8E
[root@192-168-149-128-jfedu ~]#
[root@192-168-149-128-jfedu ~]# puppet  cert  -s  192-168-149-130-jfedu
Notice: Signed certificate request for 192-168-149-130-jfedu.net
Notice: Removing file Puppet::SSL::CertificateRequest 192-168-149-130-j
68-149-130-jfedu.net.pem'
[root@192-168-149-128-jfedu ~]#
[root@192-168-149-128-jfedu ~]# puppet  cert  --list
[root@192-168-149-128-jfedu ~]#
[root@192-168-149-128-jfedu ~]# puppet  cert  --list --all
+ "192-168-149-128-jfedu.net" (SHA256) E5:E7:7B:2C:FE:EA:AC:04:3D:C5:21
C:23:FF:80:EE (alt names: "DNS:192-168-149-128-jfedu.net", "DNS:puppet"
+ "192-168-149-130-jfedu.net" (SHA256) C1:B5:7E:05:81:D0:BE:77:91:E3:62
0:1F:5B:DD:0C
```

图 4-5　Puppet 服务器端颁发证书

4.4　Puppet 企业案例演示

Puppet 基于 C/S 架构，服务器端保存着所有对客户端服务器的配置代码，在 Puppet 服务器端该配置文件叫 manifest。客户端下载文件 manifest 之后，可以根据文件内容对客户端进行配置，如软件包管理、用户管理、文件管理、命令管理、脚本管理等，Puppet 主要基于各种资源或模块管理客户端。

默认 Puppet 服务器端文件 manifest 在/etc/puppet/manifests/目录下，只需要在该目录下创建一个 site.pp 文件，然后写入相应的配置代码，Puppet 客户端与 Puppet 服务器端同步时，会检查客户端 node 配置文件，匹配之后会将该代码下载至客户端，对代码进行解析，然后在客户端执行。

在 Puppet 客户端创建 test.txt 文件，并在该文件中写入测试内容，操作方法如下。

（1）Puppet 服务器端创建 node 代码，创建或编辑/etc/puppet/manifests/site.pp 文件，在文件中加入以下代码：

```
node  default {
file  {
"/tmp/test.txt":
 content => "Hello World,jfedu.net  2021";
   }
}
```

site.pp 配置文件代码详解如下：

```
node  default          #新建 node 节点,default 表示所有主机,可修改为特定主机名
file                   #基于 file 资源模块管理客户端文件或者目录操作
"/tmp/test.txt":       #需在客户端文件创建的文件名
 content               #客户端服务器文件内容
```

（2）客户端执行同步命令，获取 Puppet 服务器端 node 配置，代码如下，运行结果如图 4-6 所示。

```
puppet  agent  --server=192-168-149-128-jfedu.net  --test
```

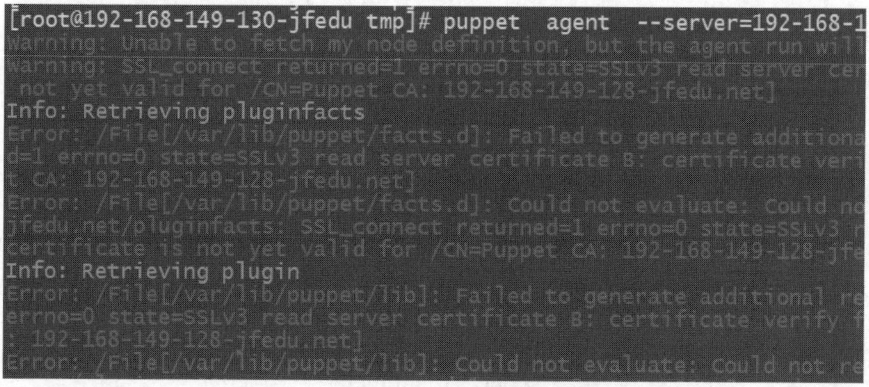

```
[root@192-168-149-130-jfedu tmp]# puppet  agent  --server=192-168-1
Warning: Unable to fetch my node definition, but the agent run will
Warning: SSL_connect returned=1 errno=0 state=SSLv3 read server cer
 not yet valid for /CN=Puppet CA: 192-168-149-128-jfedu.net]
Info: Retrieving pluginfacts
Error: /File[/var/lib/puppet/facts.d]: Failed to generate additiona
d=1 errno=0 state=SSLv3 read server certificate B: certificate veri
t CA: 192-168-149-128-jfedu.net]
Error: /File[/var/lib/puppet/facts.d]: Could not evaluate: Could no
jfedu.net/pluginfacts: SSL_connect returned=1 errno=0 state=SSLv3 r
certificate is not yet valid for /CN=Puppet CA: 192-168-149-128-jfe
Info: Retrieving plugin
Error: /File[/var/lib/puppet/lib]: Failed to generate additional re
errno=0 state=SSLv3 read server certificate B: certificate verify f
: 192-168-149-128-jfedu.net]
Error: /File[/var/lib/puppet/lib]: Could not evaluate: Could not re
```

图 4-6　Puppet 客户端同步服务器端配置

报错原因是服务器端与客户端时间不同步，需要同步时间，代码如下，然后再次执行 puppet agent 命令，如图 4-7 所示。

```
ntpdate  pool.ntp.org
puppet  agent  --server=192-168-149-128-jfedu.net  --test
```

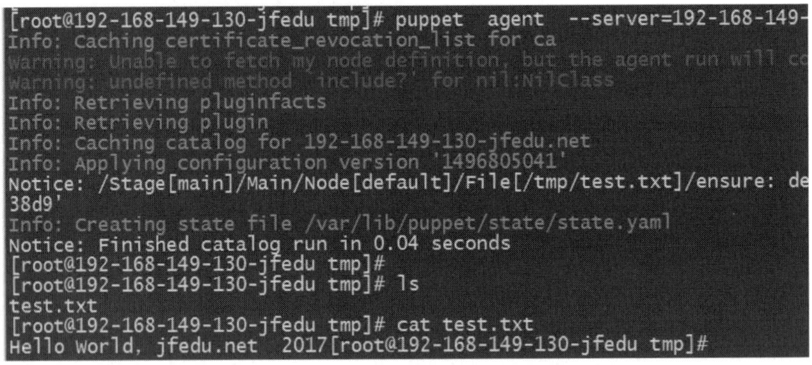

```
[root@192-168-149-130-jfedu tmp]# puppet  agent  --server=192-168-149-
Info: Caching certificate_revocation_list for ca
Warning: Unable to fetch my node definition, but the agent run will co
Warning: undefined method `include?' for nil:NilClass
Info: Retrieving pluginfacts
Info: Retrieving plugin
Info: Caching catalog for 192-168-149-130-jfedu.net
Info: Applying configuration version '1496805041'
Notice: /Stage[main]/Main/Node[default]/File[/tmp/test.txt]/ensure: de
38d9'
Info: Creating state file /var/lib/puppet/state/state.yaml
Notice: Finished catalog run in 0.04 seconds
[root@192-168-149-130-jfedu tmp]#
[root@192-168-149-130-jfedu tmp]# ls
test.txt
[root@192-168-149-130-jfedu tmp]# cat test.txt
Hello World, jfedu.net  2017[root@192-168-149-130-jfedu tmp]#
```

图 4-7 Puppet 客户端获取服务器端 node 配置

Puppet 客户端执行同步，执行日志如下，会在/tmp/目录创建 test.txt 文件，内容为"Hello World, jfedu.net"，即证明 Puppet 客户端成功获取服务器端 Node 配置。

```
Info: Caching certificate_revocation_list for ca
Warning: Unable to fetch my node definition, but the agent run will continue:
Warning: undefined method 'include?' for nil:NilClass
Info: Retrieving pluginfacts
Info: Retrieving plugin
Info: Caching catalog for 192-168-149-130-jfedu.net
Info: Applying configuration version '1496805041'
Notice: /Stage[main]/Main/Node[default]/File[/tmp/test.txt]/ensure:
defined content as '{md5}d1c2906ad0b249a330e936e3bc1d38d9'
Info: Creating state file /var/lib/puppet/state/state.yaml
Notice: Finished catalog run in 0.04 seconds
```

4.5 Puppet 常见资源及模块

Puppet 主要基于各种资源模块管理客户端，目前企业主流 Puppet 管理客户端资源模块如下：

```
file                          #主要负责管理文件
package                       #软件包的安装管理
service                       #系统服务的管理
```

```
cron                                #配置自动任务计划
exec                                #远程执行运行命令
```

通过命令 puppet describe　–l 可以查看 Puppet 支持的所有资源和模块，如图 4-8 所示。

```
[root@192-168-149-128-jfedu ~]# puppet describe -l
These are the types known to puppet:
augeas           - Apply a change or an array of changes to the  ...
computer         - Computer object management using DirectorySer ...
cron             - Installs and manages cron jobs
exec             - Executes external commands
file             - Manages files, including their content, owner ...
filebucket       - A repository for storing and retrieving file  ...
group            - Manage groups
host             - Installs and manages host entries
interface        - This represents a router or switch interface
k5login          - Manage the `.k5login` file for a user
macauthorization - Manage the Mac OS X authorization database
mailalias        - .. no documentation ..
maillist         - Manage email lists
```

（a）

```
router            - .. no documentation ..
schedule          - Define schedules for Puppet
scheduled_task    - Installs and manages Windows Scheduled Tasks
selboolean        - Manages SELinux booleans on systems with SELi ...
selmodule         - Manages loading and unloading of SELinux poli ...
service           - Manage running services
ssh_authorized_key - Manages SSH authorized keys
sshkey            - Installs and manages ssh host keys
stage             - A resource type for creating new run stages
tidy              - Remove unwanted files based on specific crite ...
user              - Manage users
vlan              - .. no documentation ..
whit              - Whits are internal artifacts of Puppet's curr ...
yumrepo           - The client-side description of a yum reposito ...
zfs               - Manage zfs
zone              - Manages Solaris zones
```

（b）

图 4-8　Puppet 支持的资源及模块

通过命令 puppet describe -s file 可以查看 Puppet file 资源所有的帮助信息，如图 4-9 所示。

```
[root@192-168-149-128-jfedu ~]# puppet describe -s file

file
====
Manages files, including their content, ownership, and permissions.
The `file` type can manage normal files, directories, and symlinks;
type should be specified in the `ensure` attribute.
File contents can be managed directly with the `content` attribute,
downloaded from a remote source using the `source` attribute; the la
can also be used to recursively serve directories (when the `recurse
attribute is set to `true` or `local`). On Windows, note that file
contents are managed in binary mode; Puppet never automatically tran
line endings.
**Autorequires:** If Puppet is managing the user or group that owns
file, the file resource will autorequire them. If Puppet is managing
parent directories of a file, the file resource will autorequire the
```

（a）

图 4-9　Puppet file 资源模块详情

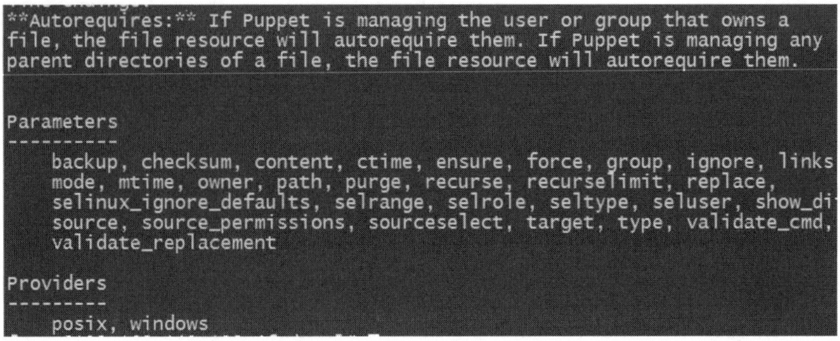

```
**Autorequires:** If Puppet is managing the user or group that owns a
file, the file resource will autorequire them. If Puppet is managing any
parent directories of a file, the file resource will autorequire them.

Parameters
----------
    backup, checksum, content, ctime, ensure, force, group, ignore, links
    mode, mtime, owner, path, purge, recurse, recurselimit, replace,
    selinux_ignore_defaults, selrange, selrole, seltype, seluser, show_di
    source, source_permissions, sourceselect, target, type, validate_cmd,
    validate_replacement

Providers
---------
    posix, windows
```

（b）

图 4-9 （续）

4.6 Puppet file 资源案例

Puppet file 资源主要用于管理客户端文件，包括文件的内容、所有权和权限，可管理的文件类型包括普通文件、目录以及符号链接等。

类型应在“确保”属性中指定。如果是文件内容，既可以直接用 content 属性管理，或者使用 source 属性从远程源下载，也可以用 recurse 服务目录（当 recurse 属性设置为 true 或 local 时）。Puppet file 资源支持参数如下：

```
ensure                        #默认为文件或目录
backup                        #通过 filebucket 备份文件
checksum                      #检查文件是否被修改的方法
ctime                         #只读属性，文件的更新时间
mtime                         #只读属性，文件的修改时间
content                       #文件的内容，与 source 和 target 互斥
force                         #强制执行删除文件、软链接目录的操作
owner                         #用户名或用户 ID
group                         #指定加年的用户组或组 ID
link                          #软链接
mode                          #文件权限配置，通常采用数字符号
path                          #文件路径
Parameters
    backup, checksum, content, ctime, ensure, force, group, ignore, links,
    mode, mtime, owner, path, purge, recurse, recurselimit, replace,
    selinux_ignore_defaults, selrange, selrole, seltype, seluser, show_diff,
    source, source_permissions, sourceselect, target, type, validate_cmd,
```

```
    validate_replacement
Providers:
    posix, windows
```

（1）从 Puppet 服务器下载 nginx.conf 文件至客户端/tmp 目录，首先需要将 nginx.conf 文件复制至/etc/puppet/files 目录，然后在/etc/puppet/fileserver.conf 中添加如下 3 行代码，并重启 puppet master 即可。

```
[files]
path  /etc/puppet/files/
allow *
```

创建 site.pp 文件，文件代码如下：

```
node  default {
file  {
        '/tmp/nginx.conf':
        mode => '644',
        owner => 'root',
        group => 'root',
        source => 'puppet://192-168-149-128-jfedu.net/files/nginx.conf',
  }
}
```

客户端同步配置，运行结果如图 4-10 所示。

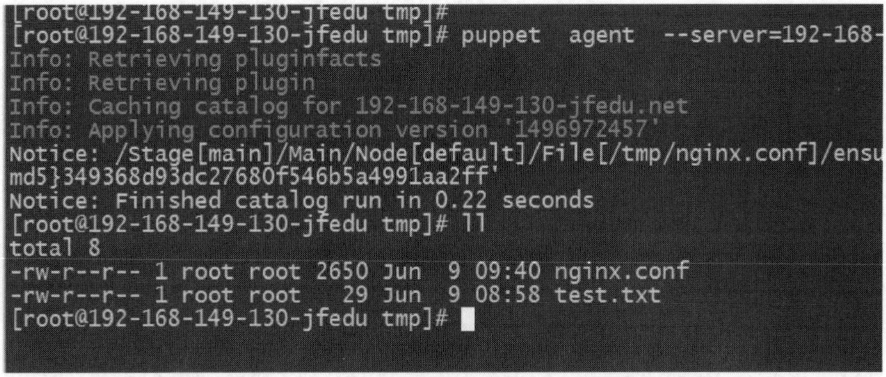

```
[root@192-168-149-130-jfedu tmp]#
[root@192-168-149-130-jfedu tmp]# puppet  agent  --server=192-168-
Info: Retrieving pluginfacts
Info: Retrieving plugin
Info: Caching catalog for 192-168-149-130-jfedu.net
Info: Applying configuration version '1496972457'
Notice: /Stage[main]/Main/Node[default]/File[/tmp/nginx.conf]/ensu
md5}349368d93dc27680f546b5a4991aa2ff'
Notice: Finished catalog run in 0.22 seconds
[root@192-168-149-130-jfedu tmp]# ll
total 8
-rw-r--r-- 1 root root 2650 Jun  9 09:40 nginx.conf
-rw-r--r-- 1 root root   29 Jun  9 08:58 test.txt
[root@192-168-149-130-jfedu tmp]#
```

图 4-10　Puppet file 资源远程下载文件

（2）从 Puppet 服务器下载 sysctl.conf，如果客户端该文件存在，则备份为 sysctl.conf.bak，然后再覆盖原文件。site.pp 代码如下，运行结果如图 4-11 所示。

```
node  default {
```

```
file {
        "/etc/sysctl.conf":
        source => "puppet://192-168-149-128-jfedu.net/files/sysctl.conf",
        backup => ".bak_$uptime_seconds",
   }
}
```

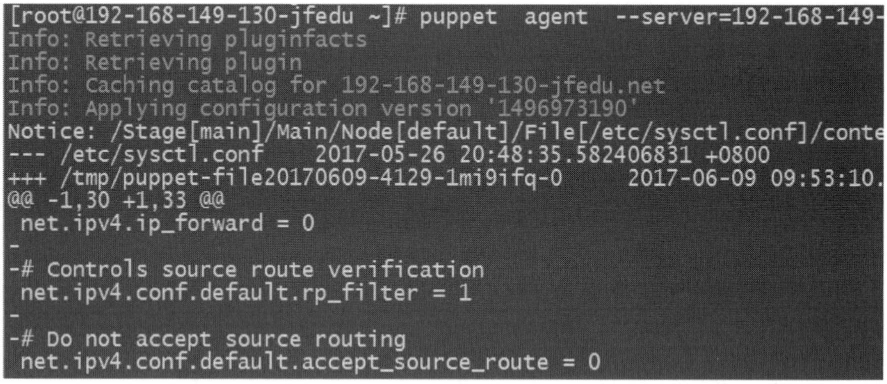

```
[root@192-168-149-130-jfedu ~]# puppet  agent  --server=192-168-149-
Info: Retrieving pluginfacts
Info: Retrieving plugin
Info: Caching catalog for 192-168-149-130-jfedu.net
Info: Applying configuration version '1496973190'
Notice: /Stage[main]/Main/Node[default]/File[/etc/sysctl.conf]/conte
--- /etc/sysctl.conf     2017-05-26 20:48:35.582406831 +0800
+++ /tmp/puppet-file20170609-4129-1mi9ifq-0      2017-06-09 09:53:10.
@@ -1,30 +1,33 @@
 net.ipv4.ip_forward = 0
-
-# Controls source route verification
 net.ipv4.conf.default.rp_filter = 1
-
-# Do not accept source routing
 net.ipv4.conf.default.accept_source_route = 0
```

图 4-11　Puppet file 资源备份文件（1）

（3）在 Agent 上创建/export/docker 的软链接为/var/lib/docker/，site.pp 代码如下，运行结果如图 4-12 所示。

```
node  default {
file {
        "/var/lib/docker":
        ensure => link,
        target => "/export/docker",
  }
```

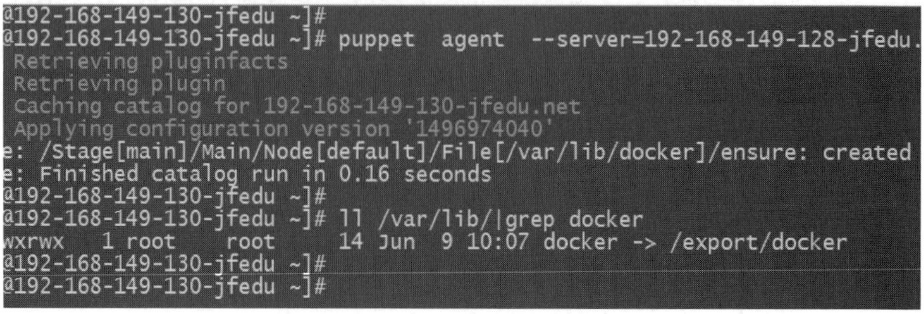

```
@192-168-149-130-jfedu ~]#
@192-168-149-130-jfedu ~]# puppet  agent  --server=192-168-149-128-jfedu.
 Retrieving pluginfacts
 Retrieving plugin
 Caching catalog for 192-168-149-130-jfedu.net
 Applying configuration version '1496974040'
e: /Stage[main]/Main/Node[default]/File[/var/lib/docker]/ensure: created
e: Finished catalog run in 0.16 seconds
@192-168-149-130-jfedu ~]#
@192-168-149-130-jfedu ~]# ll /var/lib/|grep docker
wxrwx   1 root    root     14 Jun  9 10:07 docker -> /export/docker
@192-168-149-130-jfedu ~]#
@192-168-149-130-jfedu ~]#
```

图 4-12　Puppet file 资源备份文件（2）

（4）在 Agent 上创建目录/tmp/20501212，site.pp 代码如下，运行结果如图 4-13 所示。

```
node  default {
file {
        "/tmp/20501212":
        ensure => directory;
        }
}
```

```
192.168.149.130
168-149-130-jfedu ~]#
168-149-130-jfedu ~]# puppet  agent  --server=192-168-149-128-j
ieving pluginfacts
ieving plugin
ing catalog for 192-168-149-130-jfedu.net
ying configuration version '1496974169'
tage[main]/Main/Node[default]/File[/tmp/20501212]/ensure: creat
nished catalog run in 0.14 seconds
168-149-130-jfedu ~]#
```

图 4-13　Puppet file 创建目录

4.7　Puppet package 资源案例

Puppet package 资源主要用于管理客户端服务器的软件包，YUM 源为/etc/yum.repo.d/安装和升级操作，通过 Puppet 基于 YUM 自动安装软件包，所以需要先配置好 YUM 源。

可以对软件包进行安装、卸载以及升级操作。Puppet package 资源支持参数如下：

```
Parameters
   adminfile, allow_virtual, allowcdrom, category, configfiles,
   description, ensure, flavor, install_options, instance, name,
   package_settings, platform, responsefile, root, source, status,
   uninstall_options, vendor
Providers
   aix, appdmg, apple, apt, aptitude, aptrpm, blastwave, dpkg, fink,
   freebsd, gem, hpux, macports, msi, nim, openbsd, opkg, pacman, pip, pkg,
   pkgdmg, pkgin, pkgutil, portage, ports, portupgrade, rpm, rug, sun,
   sunfreeware, up2date, urpmi, windows, yum, zipper
ensure => {installed|absent|pureged|latest}
present                    #检查软件是否存在,不存在则安装
```

```
installed                        #表示安装软件
absent                           #删除（无依赖）。当别的软件包依赖时，不可删除
pureged                          #删除所有配置文件和依赖包，有潜在风险，慎用
latest                           #升级到最新版本
version                          #指定安装具体的某个版本号
```

（1）客户端安装 ntpdate 及 screen 软件，代码如下，运行结果如图 4-14 所示。

```
node  default {
package {
 ["screen","ntp"]:
 ensure => "installed";
}
```

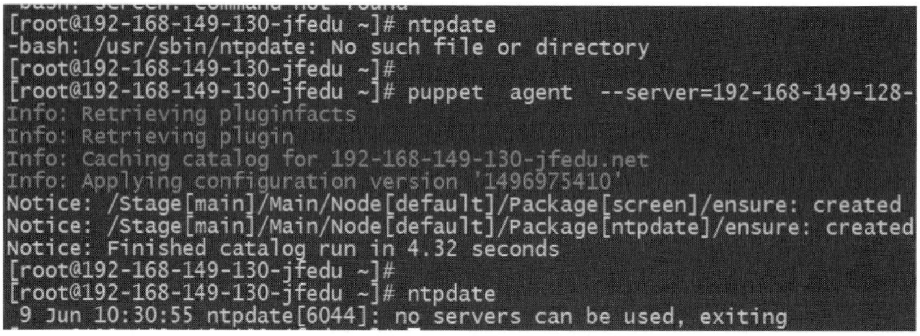

```
[root@192-168-149-130-jfedu ~]# ntpdate
-bash: /usr/sbin/ntpdate: No such file or directory
[root@192-168-149-130-jfedu ~]#
[root@192-168-149-130-jfedu ~]# puppet  agent  --server=192-168-149-128-
Info: Retrieving pluginfacts
Info: Retrieving plugin
Info: Caching catalog for 192-168-149-130-jfedu.net
Info: Applying configuration version '1496975410'
Notice: /Stage[main]/Main/Node[default]/Package[screen]/ensure: created
Notice: /Stage[main]/Main/Node[default]/Package[ntpdate]/ensure: created
Notice: Finished catalog run in 4.32 seconds
[root@192-168-149-130-jfedu ~]#
[root@192-168-149-130-jfedu ~]# ntpdate
 9 Jun 10:30:55 ntpdate[6044]: no servers can be used, exiting
```

图 4-14　Puppet package 安装软件

（2）客户端卸载 ntpdate 及 screen 软件，代码如下，运行结果如图 4-15 所示。

```
node  default {
package {
 ["screen","ntp"]:
 ensure => "absent";
}
```

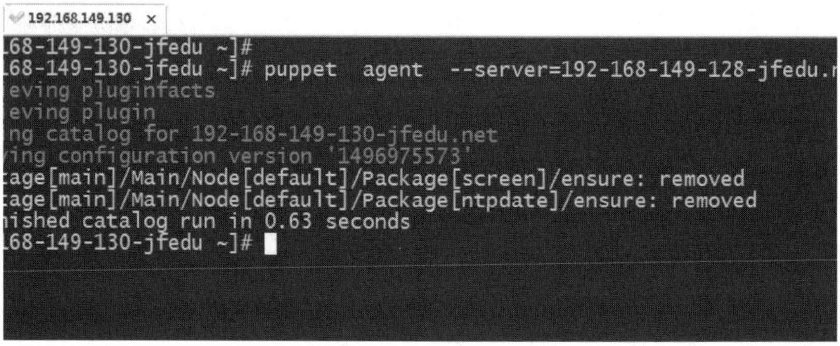

```
192.168.149.130
68-149-130-jfedu ~]#
68-149-130-jfedu ~]# puppet  agent  --server=192-168-149-128-jfedu.
eving pluginfacts
eving plugin
ng catalog for 192-168-149-130-jfedu.net
ing configuration version '1496975573'
age[main]/Main/Node[default]/Package[screen]/ensure: removed
age[main]/Main/Node[default]/Package[ntpdate]/ensure: removed
ished catalog run in 0.63 seconds
68-149-130-jfedu ~]#
```

图 4-15　Puppet package 卸载软件

4.8　Puppet service 资源案例

Puppet service 资源主要用于启动、重启和关闭客户端的守护进程，同时可以监控进程的状态，还可以将守护进程加入开机自动启动列表。Puppet service 资源支持参数如下：

```
Parameters
    binary, control, enable, ensure, flags, hasrestart, hasstatus, manifest,
    name, path, pattern, restart, start, status, stop

Providers
    base, bsd, daemontools, debian, freebsd, gentoo, init, launchd, openbsd,
    openrc, openwrt, redhat, runit, service, smf, src, systemd, upstart,
    windows
enable                      #指定服务在开机的时候是否启动,可以设置 true 和 false
ensure                      #是否运行服务,running 表示运行,stopped 表示停止服务
name                        #守护进程的名称
path                        #启动脚本搜索路径
provider                    #默认为 init
hasrestart                  #管理脚本是否支持 restart 参数,如果不支持,就用 stop 和
                            #start 实现 restart 效果
hasstatus                   #管理脚本是否支持 status 参数,Puppet 用 status 参数判断服
                            #务是否已经在运行,如果不支持 status 参数,Puppet 将利用查
                            #找运行进程列表里面是否有服务名判断服务是否在运行
```

（1）启动 Agent httpd 服务，停止 nfs 服务，代码如下，运行结果如图 4-16 所示。

```
node  default {
service {
        "httpd":
        ensure => running;
        "nfs":
        ensure => stopped;
  }
```

（2）启动 Agent httpd 服务并设置开机启动；停止 nfs 服务，设置为开机不启动，代码如下，运行结果如图 4-17 所示。

```
node  default {
service {
        "httpd":
        ensure => running,
```

```
        enable => true;
        "nfs":
        ensure => stopped,
        enable => false;
}
```

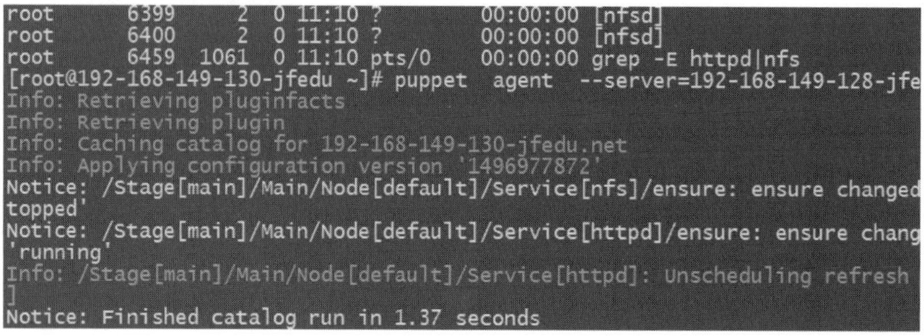

```
root      6399      2  0 11:10 ?        00:00:00 [nfsd]
root      6400      2  0 11:10 ?        00:00:00 [nfsd]
root      6459   1061  0 11:10 pts/0    00:00:00 grep -E httpd|nfs
[root@192-168-149-130-jfedu ~]# puppet  agent  --server=192-168-149-128-jfe
Info: Retrieving pluginfacts
Info: Retrieving plugin
Info: Caching catalog for 192-168-149-130-jfedu.net
Info: Applying configuration version '1496977872'
Notice: /Stage[main]/Main/Node[default]/Service[nfs]/ensure: ensure changed
topped'
Notice: /Stage[main]/Main/Node[default]/Service[httpd]/ensure: ensure chang
'running'
Info: /Stage[main]/Main/Node[default]/Service[httpd]: Unscheduling refresh
]
Notice: Finished catalog run in 1.37 seconds
```

（a）

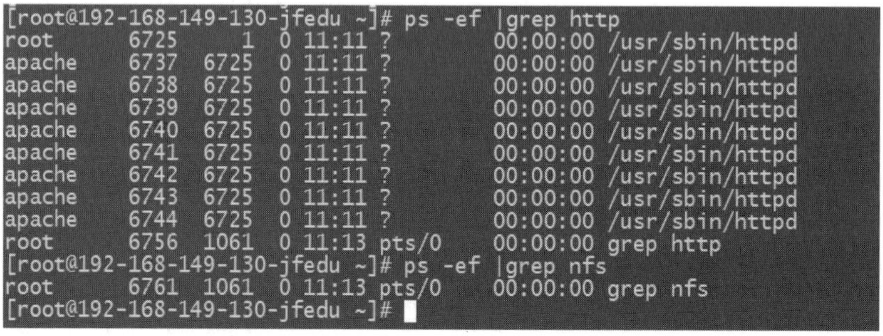

```
[root@192-168-149-130-jfedu ~]# ps -ef |grep http
root      6725      1  0 11:11 ?        00:00:00 /usr/sbin/httpd
apache    6737   6725  0 11:11 ?        00:00:00 /usr/sbin/httpd
apache    6738   6725  0 11:11 ?        00:00:00 /usr/sbin/httpd
apache    6739   6725  0 11:11 ?        00:00:00 /usr/sbin/httpd
apache    6740   6725  0 11:11 ?        00:00:00 /usr/sbin/httpd
apache    6741   6725  0 11:11 ?        00:00:00 /usr/sbin/httpd
apache    6742   6725  0 11:11 ?        00:00:00 /usr/sbin/httpd
apache    6743   6725  0 11:11 ?        00:00:00 /usr/sbin/httpd
apache    6744   6725  0 11:11 ?        00:00:00 /usr/sbin/httpd
root      6756   1061  0 11:13 pts/0    00:00:00 grep http
[root@192-168-149-130-jfedu ~]# ps -ef |grep nfs
root      6761   1061  0 11:13 pts/0    00:00:00 grep nfs
[root@192-168-149-130-jfedu ~]#
```

（b）

图 4-16　Puppet service 重启服务

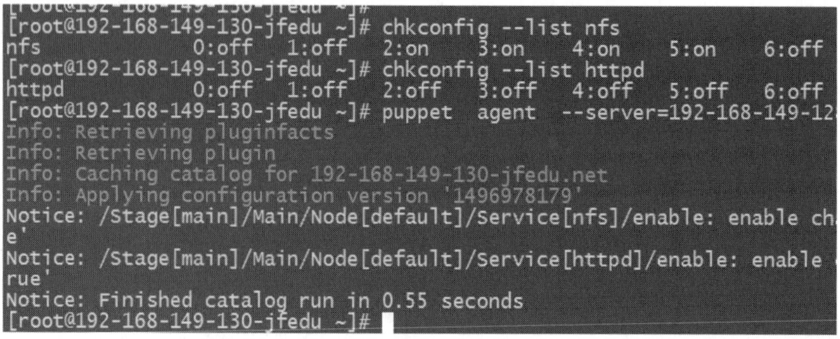

```
[root@192-168-149-130-jfedu ~]# chkconfig --list nfs
nfs            0:off   1:off   2:on    3:on    4:on    5:on    6:off
[root@192-168-149-130-jfedu ~]# chkconfig --list httpd
httpd          0:off   1:off   2:off   3:off   4:off   5:off   6:off
[root@192-168-149-130-jfedu ~]# puppet  agent  --server=192-168-149-12
Info: Retrieving pluginfacts
Info: Retrieving plugin
Info: Caching catalog for 192-168-149-130-jfedu.net
Info: Applying configuration version '1496978179'
Notice: /Stage[main]/Main/Node[default]/Service[nfs]/enable: enable ch
e'
Notice: /Stage[main]/Main/Node[default]/Service[httpd]/enable: enable
rue'
Notice: Finished catalog run in 0.55 seconds
[root@192-168-149-130-jfedu ~]#
```

（a）

图 4-17　设置 Puppet httpd 开机启动

```
Notice: /Stage[main]/Main/Node[default]/Service[nfs]/enable: enable ch
e'
Notice: /Stage[main]/Main/Node[default]/Service[httpd]/enable: enable
rue'
Notice: Finished catalog run in 0.55 seconds
[root@192-168-149-130-jfedu ~]#
[root@192-168-149-130-jfedu ~]# chkconfig --list httpd
httpd           0:off   1:off   2:on    3:on    4:on    5:on    6:off
[root@192-168-149-130-jfedu ~]#
[root@192-168-149-130-jfedu ~]# chkconfig --list nfs
nfs             0:off   1:off   2:off   3:off   4:off   5:off   6:off
[root@192-168-149-130-jfedu ~]#
[root@192-168-149-130-jfedu ~]#
```

（b）

图 4-17　（续）

4.9　Puppet exec 资源案例

Puppet exec 资源主要用于客户端远程执行命令或软件安装等，相当于 Shell 的调用。exec 是一次性执行资源，在不同类里面 exec 名称可以相同。Puppet exec 资源支持参数如下：

```
Parameters
    command, creates, cwd, environment, group, logoutput, onlyif, path,
    refresh, refreshonly, returns, timeout, tries, try_sleep, umask, unless,
    user
Providers
    posix, shell, windows
command                         #指定要执行的系统命令
creates                         #指定命令所生成的文件
cwd                             #指定命令执行目录,如果目录不存在,则命令执行失败
group                           #执行命令运行的账户组
logoutput                       #是否记录输出
onlyif                          #exec 在 onlyif 设定的命令返回 0 时才执行
path                            #命令执行的搜索路径
refresh =>true|false            #刷新命令执行状态
refreshonly =>true|false        #该属性可以使命令变成仅刷新触发的
returns                         #指定返回的代码
timeout                         #命令运行的最长时间
tries                           #命令执行重试次数,默认为 1
try_sleep                       #设置命令重试的间隔时间,单位为 s
user                            #指定执行命令的账户
```

```
provider                          #Shell 和 Windows
environment                       #为命令设定额外的环境变量;要注意的是,如果设定 PATH,
                                  #则 PATH 的属性会被覆盖
```

（1）Agent 服务器执行命令 tar 解压 nginx 软件包，代码如下，运行结果如图 4-18 所示。

```
node  default {
exec {
    'Agent tar xzf nginx-1.12.0.tar.gz':
    path => ["/usr/bin","/bin"],
    user => 'root',
    group => 'root',
    timeout => '10',
    command => 'tar -xzf /tmp/nginx-1.12.0.tar.gz',
}
}
```

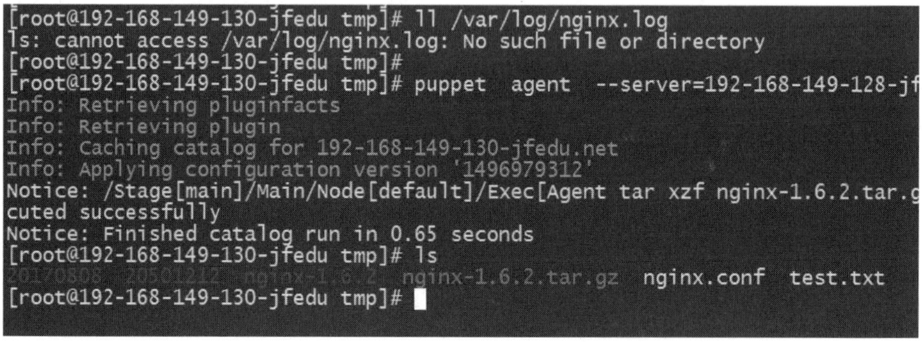

```
[root@192-168-149-130-jfedu tmp]# ll /var/log/nginx.log
ls: cannot access /var/log/nginx.log: No such file or directory
[root@192-168-149-130-jfedu tmp]#
[root@192-168-149-130-jfedu tmp]# puppet  agent  --server=192-168-149-128-jf
Info: Retrieving pluginfacts
Info: Retrieving plugin
Info: Caching catalog for 192-168-149-130-jfedu.net
Info: Applying configuration version '1496979312'
Notice: /Stage[main]/Main/Node[default]/Exec[Agent tar xzf nginx-1.6.2.tar.g
cuted successfully
Notice: Finished catalog run in 0.65 seconds
[root@192-168-149-130-jfedu tmp]# ls
20170808  20501212  nginx-1.6.2  nginx-1.6.2.tar.gz  nginx.conf  test.txt
[root@192-168-149-130-jfedu tmp]#
```

图 4-18　Puppet exec 远程执行命令

（2）Agent 服务器远程执行 auto_install_nginx.sh 脚本，代码如下，运行结果如图 4-19 所示。

```
node  default {
file {
        "/tmp/auto_install_nginx.sh":
        source =>"puppet://192-168-149-128-jfedu.net/files/auto_install_
nginx.sh",
        owner => "root",
        group => "root",
        mode => 755,
     }
exec {
```

```
        "/tmp/auto_install_nginx.sh":
        cwd => "/tmp",
        user => root,
        path => ["/usr/bin","/usr/sbin","/bin","/bin/sh"],
    }
```

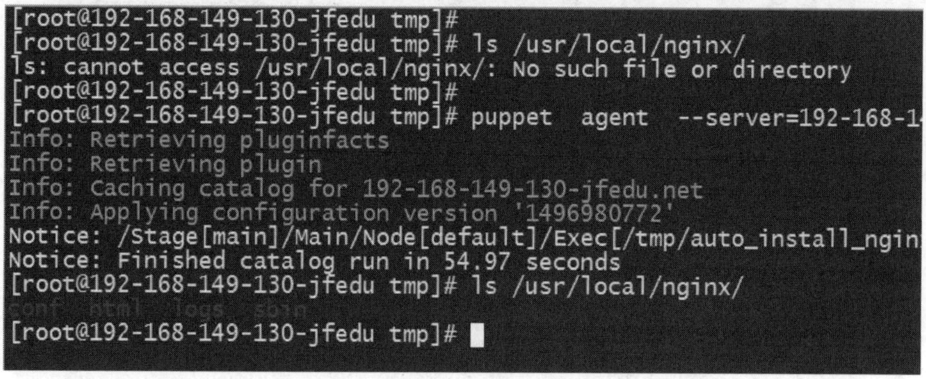

```
[root@192-168-149-130-jfedu tmp]#
[root@192-168-149-130-jfedu tmp]# ls /usr/local/nginx/
ls: cannot access /usr/local/nginx/: No such file or directory
[root@192-168-149-130-jfedu tmp]#
[root@192-168-149-130-jfedu tmp]# puppet  agent  --server=192-168-1
Info: Retrieving pluginfacts
Info: Retrieving plugin
Info: Caching catalog for 192-168-149-130-jfedu.net
Info: Applying configuration version '1496980772'
Notice: /Stage[main]/Main/Node[default]/Exec[/tmp/auto_install_ngin
Notice: Finished catalog run in 54.97 seconds
[root@192-168-149-130-jfedu tmp]# ls /usr/local/nginx/
conf  html  logs  sbin
[root@192-168-149-130-jfedu tmp]#
```

图 4-19　Puppet exec 执行 Nginx 安装脚本

（3）Agent 服务器更新 sysctl.conf，如果该文件发生改变，则执行命令 sysctl -p，代码如下，运行结果如图 4-20 所示。

```
node  default {
file {
        "/etc/sysctl.conf":
        source =>"puppet://192-168-149-128-jfedu.net/files/sysctl.conf",
        owner => "root",
        group => "root",
        mode => 644,
    }
exec {
        "sysctl refresh kernel config":
        path => ["/usr/bin", "/usr/sbin", "/bin", "/sbin"],
        command  => "/sbin/sysctl -p",
        subscribe => File["/etc/sysctl.conf"],
        refreshonly => true
    }
}
```

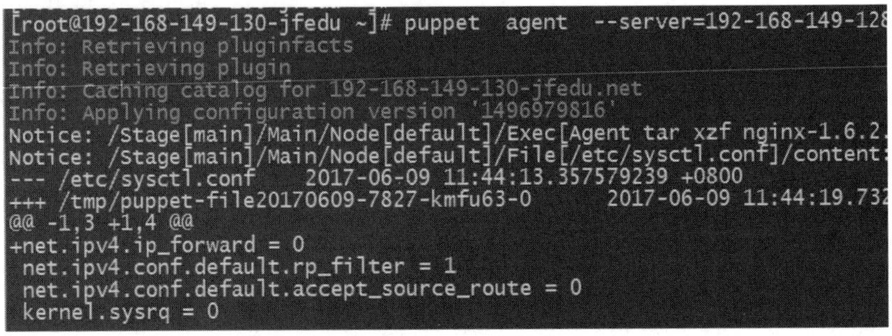

```
[root@192-168-149-130-jfedu ~]# puppet  agent  --server=192-168-149-128
Info: Retrieving pluginfacts
Info: Retrieving plugin
Info: Caching catalog for 192-168-149-130-jfedu.net
Info: Applying configuration version '1496979816'
Notice: /Stage[main]/Main/Node[default]/Exec[Agent tar xzf nginx-1.6.2.
Notice: /Stage[main]/Main/Node[default]/File[/etc/sysctl.conf]/content:
--- /etc/sysctl.conf    2017-06-09 11:44:13.357579239 +0800
+++ /tmp/puppet-file20170609-7827-kmfu63-0      2017-06-09 11:44:19.732
@@ -1,3 +1,4 @@
+net.ipv4.ip_forward = 0
 net.ipv4.conf.default.rp_filter = 1
 net.ipv4.conf.default.accept_source_route = 0
 kernel.sysrq = 0
```

（a）

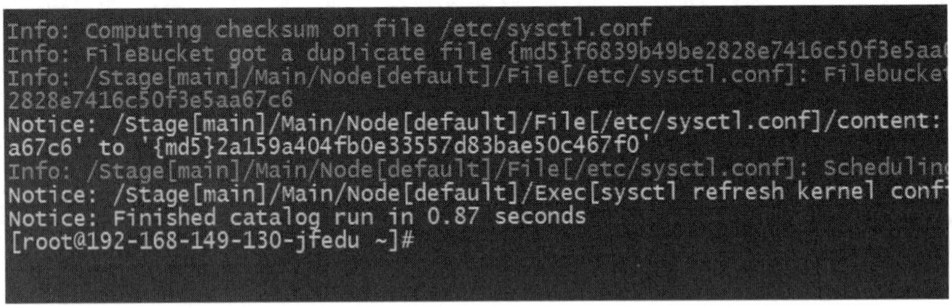

```
Info: Computing checksum on file /etc/sysctl.conf
Info: FileBucket got a duplicate file {md5}f6839b49be2828e7416c50f3e5aa6
Info: /Stage[main]/Main/Node[default]/File[/etc/sysctl.conf]: Filebucket
2828e7416c50f3e5aa67c6
Notice: /Stage[main]/Main/Node[default]/File[/etc/sysctl.conf]/content:
a67c6' to '{md5}2a159a404fb0e33557d83bae50c467f0'
Info: /Stage[main]/Main/Node[default]/File[/etc/sysctl.conf]: Schedulin
Notice: /Stage[main]/Main/Node[default]/Exec[sysctl refresh kernel conf
Notice: Finished catalog run in 0.87 seconds
[root@192-168-149-130-jfedu ~]#
```

（b）

图 4-20　Puppet exec 更新执行触发命令

4.10　Puppet cron 资源案例

Puppet cron 资源主要用于安装和管理 crontab 计划任务，每一个 cron 资源需要一个 command 属性和 user 属性及至少一个周期属性（hour，minute，month，monthday，weekday）。

crontab 计划任务的名称不是计划任务的一部分，它是 Puppet 用来存储和检索该资源的线索。假如指定了一个计划任务，除了名称外其他内容都和一个已经存在的计划任务相同，那么这两个计划任务被认为是等效的，且新名称将永久地与该计划任务相关联。Puppet cron 资源支持参数如下：

```
Parameters
    command, ensure, environment, hour, minute, month, monthday, name,
    special, target, user, weekday
Providers
    crontab
user                        #加某个用户的 crontab 任务,默认是运行 Puppet 的用户
command                     #要执行的命令或脚本路径,可不写,默认是 title(名称)
ensure                      #确定该资源是否启用,可设置成 true 或 false
```

```
environment                     #crontab 环境中指定环境变量
hour                            #设置 crontab 的小时,可设置成 0~23
minute                          #指定 crontab 的分钟,可设置成 0~59
month                           #指定 crontab 运行的月份,可设置成 1~12
monthday                        #指定月的天数,可设置成 1~31
name                            #crontab 的名字,区分不同的 crontab
provider                        #可用的 provider 有 crontab 默认的 crontab 程序
target                          #crontab 作业存放的位置
weekday                         #行 crontab 的星期数,可设置成 0~7,周日为 0
```

（1）Agent 服务器添加 ntpdate 时间同步任务，代码如下，结果如图 4-21 所示。

```
node  default {
cron{
       "ntpdate":
       command => "/usr/sbin/ntpdate  pool.ntp.org",
       user => root,
       hour => 0,
       minute => 0,
  }
}
```

```
[root@192-168-149-130-jfedu ~]# puppet  agent  --server=192-168-149-1
Info: Retrieving pluginfacts
Info: Retrieving plugin
Info: Caching catalog for 192-168-149-130-jfedu.net
Info: Applying configuration version '1496985201'
Notice: /Stage[main]/Main/Node[default]/Cron[ntpdate]/ensure: created
Notice: Finished catalog run in 0.46 seconds
[root@192-168-149-130-jfedu ~]#
[root@192-168-149-130-jfedu ~]# crontab  -l
# HEADER: This file was autogenerated at Fri Jun 09 13:13:22 +0800 20
# HEADER: While it can still be managed manually, it is definitely no
# HEADER: Note particularly that the comments starting with 'Puppet N
# HEADER: not be deleted, as doing so could cause duplicate cron jobs
# Puppet Name: ntpdate
0 0 * * * /usr/sbin/ntpdate pool.ntp.org
[root@192-168-149-130-jfedu ~]#
```

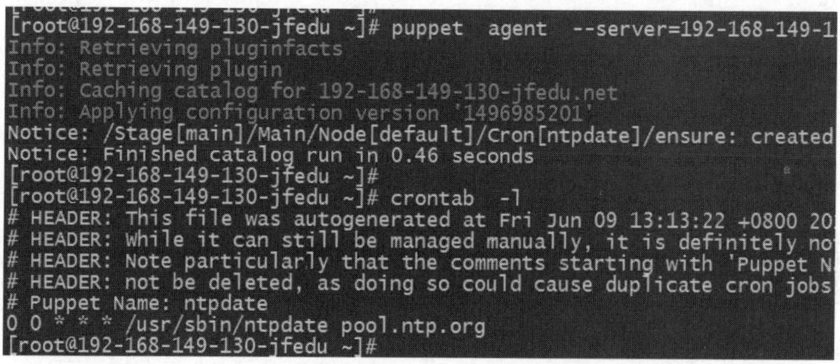

图 4-21　Puppet cron 创建任务计划

（2）Agent 服务器删除 ntpdate 时间同步任务，代码如下，结果如图 4-22 所示。

```
node  default {
cron{
       "ntpdate":
       command => "/usr/sbin/ntpdate  pool.ntp.org",
       user => root,
       hour => 0,
       minute => 0,
       ensure => absent,
```

```
    }
}
```

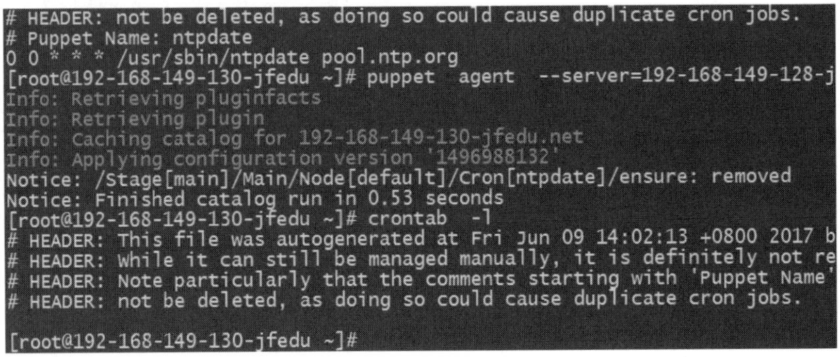

```
# HEADER: not be deleted, as doing so could cause duplicate cron jobs.
# Puppet Name: ntpdate
0 0 * * * /usr/sbin/ntpdate pool.ntp.org
[root@192-168-149-130-jfedu ~]# puppet  agent  --server=192-168-149-128-j
Info: Retrieving pluginfacts
Info: Retrieving plugin
Info: Caching catalog for 192-168-149-130-jfedu.net
Info: Applying configuration version '1496988132'
Notice: /Stage[main]/Main/Node[default]/Cron[ntpdate]/ensure: removed
Notice: Finished catalog run in 0.53 seconds
[root@192-168-149-130-jfedu ~]# crontab  -l
# HEADER: This file was autogenerated at Fri Jun 09 14:02:13 +0800 2017 b
# HEADER: While it can still be managed manually, it is definitely not re
# HEADER: Note particularly that the comments starting with 'Puppet Name'
# HEADER: not be deleted, as doing so could cause duplicate cron jobs.

[root@192-168-149-130-jfedu ~]#
```

图 4-22 Puppet cron 删除任务计划

4.11 Puppet 日常管理与配置

Puppet 平台构建完毕，即可使用 Puppet 管理客户端对文件、服务、脚本、各种配置的变更，如果要管理批量服务器，还需要进行一些配置。

4.11.1 Puppet 自动认证

企业新服务器通过 Kickstart 自动安装 Linux 操作系统，安装完毕，可以自动安装 Puppet 相关软件包。Puppet 客户端安装完毕，需向 Puppet 服务器端请求证书，然后 Puppet 服务器端颁发证书给客户端。默认需要手动颁发，可以通过配置让 Puppet 服务器端自动颁发证书。

自动颁发证书的前提是服务器端与客户端能 ping 通彼此的主机名，配置自动颁发证书需在 Puppet 服务器端的 puppet.conf 配置文件 main 段加入如下代码，如图 4-23 所示。

```
[main]
autosign = true
```

重启 puppetmaster 服务，并删除 192.168.149.130 证书。

```
/etc/init.d/puppetmaster  restart
puppet  cert  --clean  192-168-149-130-jfedu.net
```

删除 Puppet 客户端 SSL 文件，重新生成 SSL 文件，执行如下命令自动申请证书。

```
rm  -rf  /var/lib/puppet/ssl/
puppet  agent  --server=192-168-149-128-jfedu.net  --test
```

```
[root@192-168-149-128-jfedu ~]# vim /etc/puppet/puppet.conf
########
[main]
    # The Puppet log directory.
    # The default value is '$vardir/log'.
    logdir = /var/log/puppet

    # Where Puppet PID files are kept.
    # The default value is '$vardir/run'.
    rundir = /var/run/puppet

    autosign = true

    # Where SSL certificates are kept.
    # The default value is '$confdir/ssl'.
```

图 4-23　Puppet 服务器端添加自动颁发证书

Puppet 服务器端会自动认证，即服务器端不必手动颁发证书，可减轻人工的干预和操作，如图 4-24 所示。

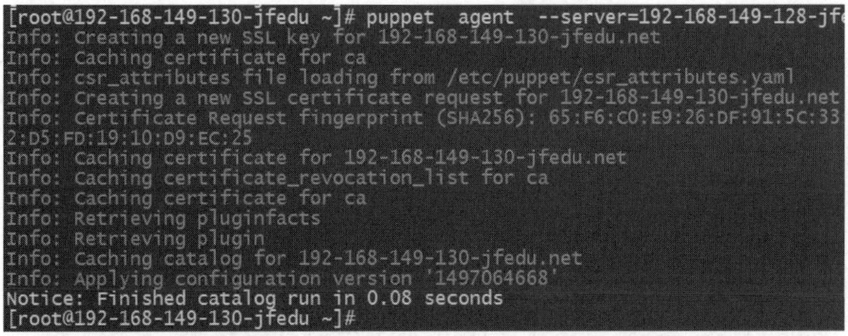

```
[root@192-168-149-130-jfedu ~]# puppet  agent  --server=192-168-149-128-jf
Info: Creating a new SSL key for 192-168-149-130-jfedu.net
Info: Caching certificate for ca
Info: csr_attributes file loading from /etc/puppet/csr_attributes.yaml
Info: Creating a new SSL certificate request for 192-168-149-130-jfedu.net
Info: Certificate Request fingerprint (SHA256): 65:F6:C0:E9:26:DF:91:5C:33
2:D5:FD:19:10:D9:EC:25
Info: Caching certificate for 192-168-149-130-jfedu.net
Info: Caching certificate_revocation_list for ca
Info: Caching certificate for ca
Info: Retrieving pluginfacts
Info: Retrieving plugin
Info: Caching catalog for 192-168-149-130-jfedu.net
Info: Applying configuration version '1497064668'
Notice: Finished catalog run in 0.08 seconds
[root@192-168-149-130-jfedu ~]#
```

图 4-24　Puppet 客户端自动获取证书

4.11.2　Puppet 客户端自动同步

Puppet 客户端安装并认证完毕之后，如果在 Puppet 服务器端配置了 node 信息，客户端启动服务，默认 30min 自动与服务器端同步信息。如何修改同步的时间频率呢？修改 Puppet 客户端配置信息即可。

Puppet 客户端配置相关参数和同步时间，修改/etc/sysconfig/puppet 配置文件，最终代码如下：

```
# The puppetmaster server
PUPPET_SERVER=192-168-149-128-jfedu.net
# If you wish to specify the port to connect to do so here
PUPPET_PORT=8140
```

```
# Where to log to. Specify syslog to send log messages to the system log.
PUPPET_LOG=/var/log/puppet/puppet.log
# You may specify other parameters to the puppet client here
PUPPET_EXTRA_OPTS=--waitforcert=500
```

/etc/sysconfig/puppet 配置文件参数详解如下：

```
PUPPET_SERVER=192-168-149-128-jfedu.net     #指定 Puppet Master 主机名
PUPPET_PORT=8140                            #指定 Puppet Master 端口
PUPPET_LOG=/var/log/puppet/puppet.log       #Puppet 客户端日志路径
PUPPET_EXTRA_OPTS=--waitforcert=500     #获取 Puppet Master 证书返回等待时间
```

重启 Puppet 客户端服务，客户端会每半小时与服务器同步一次配置信息。

```
/etc/init.d/puppet  restart
```

可以修改与服务器端同步配置信息的时间，修改 vi /etc/puppet/puppet.conf 文件，在[agent]段加入如下语句，表示 60s 与 Puppet Master 同步一次配置信息。重启 Puppet，同步结果如图 4-25 所示。

```
[agent]
runinterval = 60
```

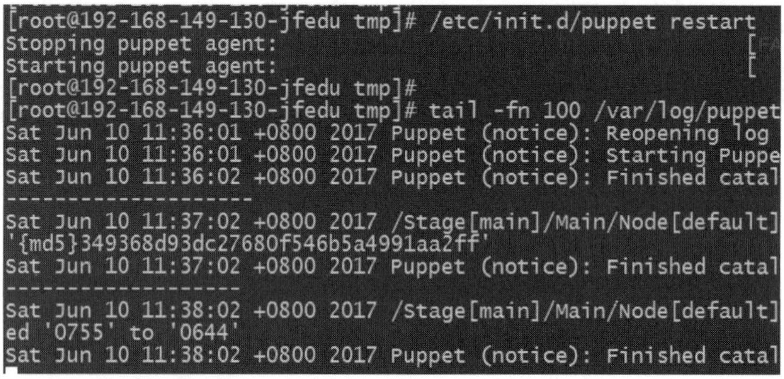

```
[root@192-168-149-130-jfedu tmp]# /etc/init.d/puppet restart
Stopping puppet agent:                                          [
Starting puppet agent:                                          [
[root@192-168-149-130-jfedu tmp]#
[root@192-168-149-130-jfedu tmp]# tail -fn 100 /var/log/puppet
Sat Jun 10 11:36:01 +0800 2017 Puppet (notice): Reopening log
Sat Jun 10 11:36:01 +0800 2017 Puppet (notice): Starting Puppe
Sat Jun 10 11:36:02 +0800 2017 Puppet (notice): Finished catal
--------------------
Sat Jun 10 11:37:02 +0800 2017 /Stage[main]/Main/Node[default]
'{md5}349368d93dc27680f546b5a4991aa2ff'
Sat Jun 10 11:37:02 +0800 2017 Puppet (notice): Finished catal
--------------------
Sat Jun 10 11:38:02 +0800 2017 /Stage[main]/Main/Node[default]
ed '0755' to '0644'
Sat Jun 10 11:38:02 +0800 2017 Puppet (notice): Finished catal
```

图 4-25 Puppet 客户端自动同步服务器端配置

4.11.3 Puppet 服务器端主动推送

4.11.2 节中 Puppet 客户端配置每 60s 与服务器端同步配置信息，如果服务器端更新了配置信息，想立刻让客户端同步，如何通知客户端获取最新的配置信息呢？可以使用 Puppet Master 主动推送的方式。

Puppet 服务器端使用 puppet run 命令可以给客户端发送一段信号，告诉客户端立刻与服务器同步配置信息。配置方法如下。

修改 Puppet 客户端配置文件/etc/puppet/puppet.conf，在 agent 段加入如下代码：

```
[agent]
listen = true
```

修改 Puppet 客户端配置文件/etc/sysconfig/puppet，指定 Puppet Master 端主机名。

```
PUPPET_SERVER=192-168-149-128-jfedu.net
```

创建 Puppet 客户端配置文件 namespaceauth.conf，写入如下代码：

```
[puppetrunner]
allow  *
```

修改 Puppet 客户端配置文件 auth.conf，在"path　/"前添加如下代码：

```
path  /run
method  save
allow  *
```

重启 Puppet 客户端。

```
/etc/init.d/puppet  restart
```

Puppet 服务器端执行如下命令，通知客户端同步配置，也可以批量通知其他客户端，只需将客户端的主机名写入 host.txt 文件，如图 4-26 所示。

```
puppet  kick   -d  192-168-149-130-jfedu.net
#puppet  kick  -d  'cat host.txt'
```

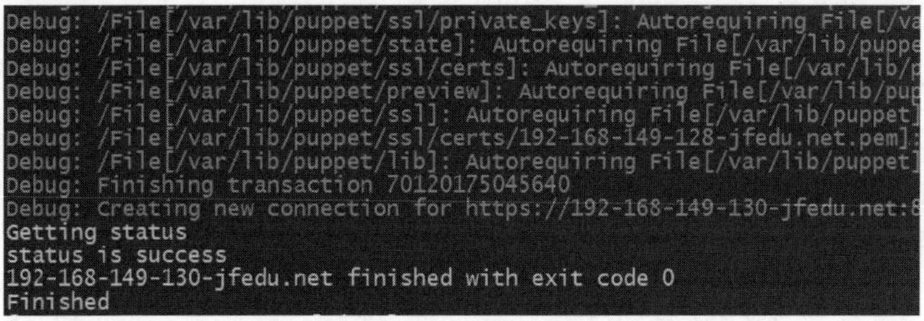

```
Debug: /File[/var/lib/puppet/ssl/private_keys]: Autorequiring File[/va
Debug: /File[/var/lib/puppet/state]: Autorequiring File[/var/lib/puppe
Debug: /File[/var/lib/puppet/ssl/certs]: Autorequiring File[/var/lib/p
Debug: /File[/var/lib/puppet/preview]: Autorequiring File[/var/lib/pup
Debug: /File[/var/lib/puppet/ssl]: Autorequiring File[/var/lib/puppet]
Debug: /File[/var/lib/puppet/ssl/certs/192-168-149-128-jfedu.net.pem]:
Debug: /File[/var/lib/puppet/lib]: Autorequiring File[/var/lib/puppet]
Debug: Finishing transaction 70120175045640
Debug: Creating new connection for https://192-168-149-130-jfedu.net:8
Getting status
status is success
192-168-149-130-jfedu.net finished with exit code 0
Finished
```

图 4-26　Puppet 主动通知客户端同步配置

4.12　Puppet 批量部署案例

随着 IT 行业的迅猛发展，传统的靠大量人力的运维方式比较吃力，近几年自动化运维管理快速的发展，得到了很多 IT 运维人员的青睐。一个完整的自动化运维包括系统安装、配置管理、服务监控 3 方面。以下为 Puppet 生成环境中的应用案例。

某互联网公司新到 100 台硬件服务器，要求统一安装 Linux 系统，并部署上线及后期的管理配置。对于 Linux 系统安装，需采用批量安装，批量安装系统主流工具为 Kickstart 和 Cobbler，任选其一即可。

如果采用自动安装，可以自动初始化系统、内核简单优化及常见服务、软件客户端等的安装。当然，Puppet 客户端也可以放在 Kickstart 中安装并配置。

当 Linux 操作系统安装完成后，需要对服务器进行相应的配置，方可应对高并发网站，例如修改动态 IP 为静态 IP、安装及创建 crontab 任务计划、同步操作系统时间、安装 Zabbix 客户端软件、优化内核参数等，可以基于 Puppet 统一调整。

4.12.1 Puppet 批量修改静态 IP 案例

现需要修改 100 台 Linux 服务器原 Dhcp 动态获取的 IP 为 Static IP 地址。首先需要修改 IP 脚本，将该脚本推送到客户端，然后执行脚本并重启网卡即可。

（1）修改 IP 为静态 IP 的 Shell 脚本代码如下：

```
#!/bin/bash
#auto Change ip netmask gateway scripts
#By author jfedu.net 2021
#Define Path variables
ETHCONF=/etc/sysconfig/network-scripts/ifcfg-eth0
DIR=/data/backup/'date +%Y%m%d'
IPADDR='ifconfig|grep inet|grep 192|head -1|cut -d: -f2|awk '{print $1}''
NETMASK=255.255.255.0
grep dhcp  $ETHCONF
if [ $? -eq 0 ];then
      sed -i 's/dhcp/static/g' $ETHCONF
      echo -e "IPADDR=$IPADDR\nNETMASK=$NETMASK\nGATEWAY='echo $IPADDR|
awk -F. '{print $1"."$2"."$3}''.2" >>$ETHCONF
      echo "The IP configuration success. !"
      service network restart
fi
```

（2）Puppet Master 执行 kick 命令推送配置至 Agent 服务器远程，Puppet 客户端修改 IP 脚本代码如下，结果如图 4-27 所示。

```
node  default {
file {
      "/tmp/auto_change_ip.sh":
      source =>"puppet://192-168-149-128-jfedu.net/files/auto_change_
```

```
ip.sh",
        owner => "root",
        group => "root",
        mode => 755,
     }
exec {
        "/tmp/auto_change_ip.sh":
        cwd => "/tmp/",
        user => root,
        path => ["/usr/bin","/usr/sbin","/bin","/bin/sh"],
}
}
```

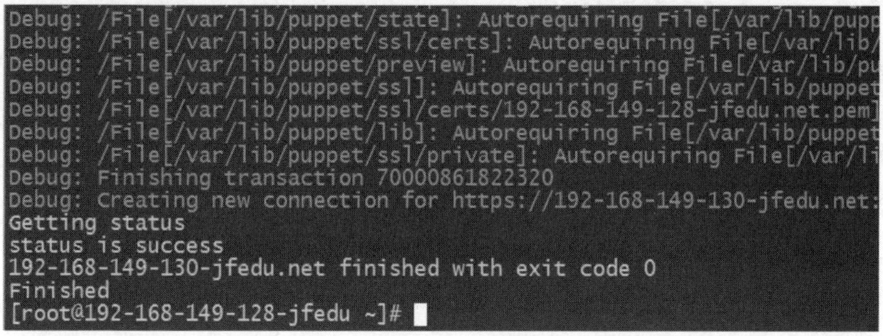

```
Debug: /File[/var/lib/puppet/state]: Autorequiring File[/var/lib/pupp
Debug: /File[/var/lib/puppet/ssl/certs]: Autorequiring File[/var/lib/
Debug: /File[/var/lib/puppet/preview]: Autorequiring File[/var/lib/pu
Debug: /File[/var/lib/puppet/ssl]: Autorequiring File[/var/lib/puppet
Debug: /File[/var/lib/puppet/ssl/certs/192-168-149-128-jfedu.net.pem]
Debug: /File[/var/lib/puppet/lib]: Autorequiring File[/var/lib/puppet
Debug: /File[/var/lib/puppet/ssl/private]: Autorequiring File[/var/li
Debug: Finishing transaction 70000861822320
Debug: Creating new connection for https://192-168-149-130-jfedu.net:
Getting status
status is success
192-168-149-130-jfedu.net finished with exit code 0
Finished
[root@192-168-149-128-jfedu ~]#
```

（a）Puppet 主动通知客户端同步配置

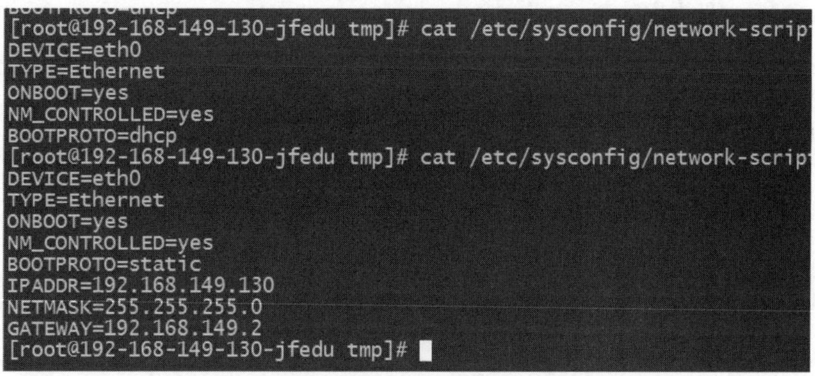

```
[root@192-168-149-130-jfedu tmp]# cat /etc/sysconfig/network-scrip
DEVICE=eth0
TYPE=Ethernet
ONBOOT=yes
NM_CONTROLLED=yes
BOOTPROTO=dhcp
[root@192-168-149-130-jfedu tmp]# cat /etc/sysconfig/network-scrip
DEVICE=eth0
TYPE=Ethernet
ONBOOT=yes
NM_CONTROLLED=yes
BOOTPROTO=static
IPADDR=192.168.149.130
NETMASK=255.255.255.0
GATEWAY=192.168.149.2
[root@192-168-149-130-jfedu tmp]#
```

（b）Puppet 客户端 IP 自动配置为 Static 方式

图 4-27　最终结果

4.12.2　Puppet 批量配置 NTP 同步服务器

在 100 台 Linux 服务器上配置 crontab 任务，修改 ntpdate 与 NTP 服务器端同步时间。

（1）Puppet Master 上创建客户端 node 配置。可以编写 NTP 模块，使用 class 可以定义模块分组，对不同业务进行分组管理，/etc/puppet/modules/ntp/manifests/init.pp 配置文件代码如下，将原 ntpdate 同步时间从 0:0 分改成每 5min 同步一次时间，并修改原 pool.ntp.org 服务器为本地局域网 NTP 时间服务器的 IP 地址。

```
class  ntp {
Exec { path =>"/bin:/sbin:/bin/sh:/usr/bin:/usr/sbin:/usr/local/bin:/usr/
local/sbin"}
exec {
"auto change crontab ntp config":
command =>"sed -i -e '/ntpdate/s/0/*\/5 /2'  -e 's/pool.ntp.org/10.1.1.21/'
/var/spool/cron/root",
 }
}
```

（2）在/etc/puppet/manifests 目录创建两个文件，分别为 modules.pp 和 nodes.pp，即模块入口文件以及 node 配置段。

modules.pp 配置文件内容如下：

```
import  "ntp"
```

nodes.pp 配置文件内容如下：

```
node  default {
include  ntp
}
```

（3）在 site.pp 中加载导入 modules.pp 和 nodes.pp 名称，site.pp 代码如下：

```
import  "modules.pp"
import  "nodes.pp"
```

（4）Puppet Master 执行 kick 命令推送配置至 Agent 服务器远程，Puppet 客户端最终结果如图 4-28 所示。

当服务器分组之后，可以使用正则表达式进行定义 node，在定义一个 node 节点时，要指定节点的名称，并使用单引号将名称引起来，然后在大括号中指定需要应用的配置。

客户端节点名称可以是主机名也可以是客户端的正式域名，目前 Puppet 版本还不能使用通配符来指定节点，例如不能用*.jfedu.net，但可以使用正则表达式。相关代码如下：

```
node /^Beijing-IDC-web0\d+\-jfedu\.net {
```

```
    include  ntp
}
```

以上规则会匹配所有在 jfedu.net 域并且主机名以 Beijing-IDC 开头，紧跟 web01、web02、web03 等节点，由此可以进行批量服务器的分组管理。

```
[root@192-168-149-128-jfedu manifests]# ls
modules.pp  nodes.pp  site.pp
[root@192-168-149-128-jfedu manifests]#
[root@192-168-149-128-jfedu manifests]# cat *
import  "ntp"
node  default {
        include  ntp
}
import  "modules.pp"
import  "nodes.pp"
[root@192-168-149-128-jfedu manifests]# cat /etc/puppet/modules/ntp/man
class  ntp {
Exec { path =>"/bin:/sbin:/bin/sh:/usr/bin:/usr/sbin:/usr/local/bin:/us

exec {
        "auto change crontab ntp config":
        command =>"sed -i -e '/ntpdate/s/0/*\/5 /2' -e 's/pool.ntp.org/
```

（a）Puppet 服务器端 class 模块配置

```
[root@192-168-149-130-jfedu ~]#
[root@192-168-149-130-jfedu ~]# crontab -l
0 0  * * *  /usr/sbin/ntpdate  pool.ntp.org >/tmp/ntp.log 2>&1
[root@192-168-149-130-jfedu ~]#
[root@192-168-149-130-jfedu ~]#
[root@192-168-149-130-jfedu ~]#
[root@192-168-149-130-jfedu ~]#
[root@192-168-149-130-jfedu ~]# crontab -l
0 */5   * * *  /usr/sbin/ntpdate  10.1.1.21 >/tmp/ntp.log 2>&1
[root@192-168-149-130-jfedu ~]#
[root@192-168-149-130-jfedu ~]# crontab -l
0 */5   * * *  /usr/sbin/ntpdate  10.1.1.21 >/tmp/ntp.log 2>&1
[root@192-168-149-130-jfedu ~]#
[root@192-168-149-130-jfedu ~]#
[root@192-168-149-130-jfedu ~]#
```

（b）Puppet 主动通知客户端修改 NTP 同步配置

图 4-28　Puppet 客户端最终结果

4.12.3　Puppet 自动部署及同步网站

企业生产环境 100 台服务器，所有服务器要求数据一致，可以采用 rsync 同步，配置 rsync 服务器端，客户端执行脚本命令即可。同样，可以使用 Puppet+Shell 脚本同步，这样比较快捷，也可以使用 Puppet rsync 模块。

（1）Puppet 服务器端配置，/etc/puppet/modules/www/manifests/init.pp 代码如下：

```
class  www  {
```

```
Exec { path =>"/bin:/sbin:/bin/sh:/usr/bin:/usr/sbin:/usr/local/bin:/usr/
local/sbin"}
file {
"/data/sh/rsync_www_client.sh":
source =>"puppet://192-9-11-162-tdt.com/files/www/rsync_www_client.sh",
owner =>"root",
group =>"root",
mode =>"755",
}
file {
"/etc/rsync.pas":
source =>"puppet://192-9-11-162-tdt.com/files/www/rsync.pas",
owner =>"root",
group =>"root",
mode =>"600",
}
exec {
"auto  backup  www  data":
command =>"mkdir -p /data/backup/'date +%Y%m%d';mv /data/index /data/
backup/www/'date +%Y%m%d' ; /bin/sh /data/sh/rsync_www_client.sh ",
user =>"root",
subscribe =>File["/data/sh/rsync_www_client.sh"],
refreshonly =>"true",
 }
}
```

（2）在/etc/puppet/manifests目录下创建两个文件，分别为modules.pp和nodes.pp，即模块入口文件以及node配置段。

modules.pp配置文件内容如下：

```
import  "www"
```

nodes.pp配置文件内容如下：

```
node /^Beijing-IDC-web0\d+\-jfedu\.net {
include  www
}
```

（3）在site.pp中加载导入modules.pp和nodes.pp名称，site.pp代码如下：

```
import  "modules.pp"
import  "nodes.pp"
```

Puppet Master端批量执行通知客户端同步配置，命令如下：

```
puppet kick  -d  --host  'cat  hosts.txt'
```

（4）cat hosts.txt 内容为需要同步的客户端的主机名。

```
Beijing-IDC-web01-jfedu.net
Beijing-IDC-web02-jfedu.net
Beijing-IDC-web03-jfedu.net
Beijing-IDC-web04-jfedu.net
```

第 5 章 Ansible 自动运维企业实战

本章将介绍 Ansible 工作原理、Ansible 安装配置、生产环境模块讲解、Ansible 企业场景案例、PlayBook 剧本实战及 Ansible 性能调优等。

5.1 Ansible 工具特点

Ansible 与 SaltStack 均基于 Python 语言开发，Ansible 只需要在一台普通的服务器上运行即可，不需要在客户端服务器上安装客户端。因为 Ansible 基于 SSH 远程管理，而 Linux 服务器大都离不开 SSH，所以 Ansible 不需要为配置工作添加额外的支持。

Ansible 安装使用非常简单，且基于上千个插件和模块实现各种软件、平台、版本的管理，支持虚拟容器多层级的部署。很多用户认为 Ansible 比 SaltStatck 执行效率慢，其实不是软件本身慢，是由于 SSH 服务慢，可以优化 SSH 连接速度及使用 Ansible 加速模块，满足企业上万台服务器的维护和管理。

5.2 Ansible 运维工具原理

Ansible 是一款极为灵活的开源工具套件，能够大大简化 UNIX 管理员的自动化配置管理与流程控制方式。它利用推送方式对客户系统加以配置，这样所有工作都可在主服务器端完成。其命令行机制同样非常强大，允许用户利用商业许可 Web UI 实现授权管理与配置。

可以通过命令行或 GUI 使用 Ansible，运行 Ansible 的服务器，俗称“管理节点”；通过 Ansible 进行管理的服务器俗称“受控节点”。权威媒体报道，Ansible 于 2015 年被 Red Hat 公司 1.5 亿美元收购，新版 Red Hat 内置 Ansible 软件。

本书以 Ansible 为案例，基于 Ansible 构建企业自动化运维平台，实现大规模服务器的快速管理和部署。Ansible 将平常复杂的配置工作变得简单、标准化且容易控制。

Ansible 自动运维管理工具优点如下：

（1）轻量级，更新时只需要在操作机上进行一次更新即可。

（2）采用 SSH 协议。

（3）不需要去客户端安装 agent。

（4）批量任务执行可以写成脚本，且不用分发到远程就可以执行。

（5）使用 Python 编写，维护更简单。

（6）支持 sudo 普通用户命令。

（7）去中心化管理。

Ansible 自动运维管理工具工作原理如图 5-1 所示。

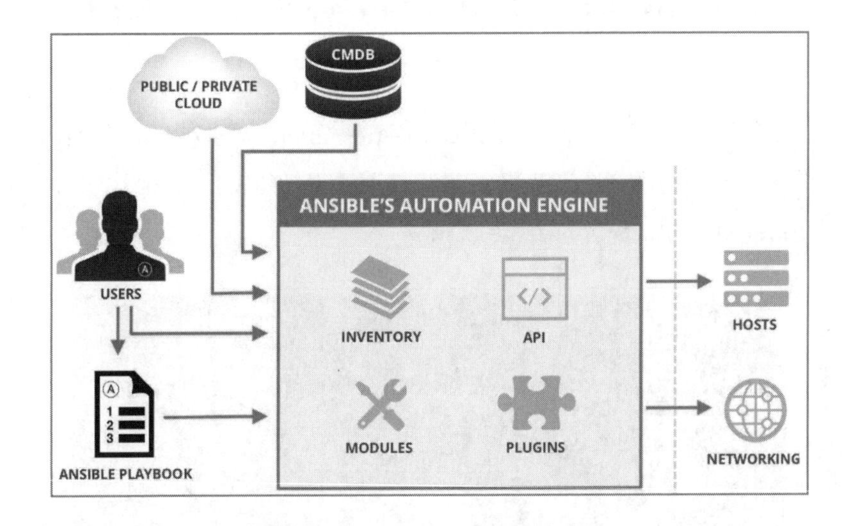

图 5-1　Ansible 工作原理示意图

5.3　Ansible 管理工具安装配置

Ansible 可以工作在 Linux、BSD、macOS X 等平台，对 Python 环境的版本最低要求为 Python 2.6 以上，如果操作系统 Python 软件版本为 2.4，需要升级方可使用 Ansible 工具。

Red Hat、CentOS 操作系统可以直接基于 YUM 工具自动安装 Ansible，CentOS 6.x 或 CentOS 7.x

安装前，需先安装 epel 扩展源，代码如下：

```
rpm -Uvh http://mirrors.ustc.edu.cn/fedora/epel/6/x86_64/epel-release-
6-8.noarch.rpm
yum  install epel-release -y
yum  install ansible -y
```

Ansible 工具默认主目录为/etc/ansible/，其中 hosts 文件为被管理机 IP 或主机名列表，ansible.cfg 为 ansible 主配置文件，roles 为角色或者插件路径，默认该目录为空，如图 5-2 所示。

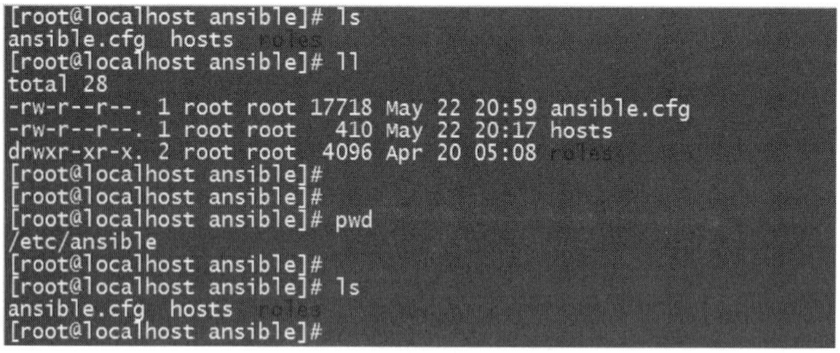

```
[root@localhost ansible]# ls
ansible.cfg  hosts  roles
[root@localhost ansible]# ll
total 28
-rw-r--r--. 1 root root 17718 May 22 20:59 ansible.cfg
-rw-r--r--. 1 root root   410 May 22 20:17 hosts
drwxr-xr-x. 2 root root  4096 Apr 20 05:08 roles
[root@localhost ansible]#
[root@localhost ansible]#
[root@localhost ansible]# pwd
/etc/ansible
[root@localhost ansible]#
[root@localhost ansible]# ls
ansible.cfg  hosts  roles
[root@localhost ansible]#
```

图 5-2　Ansible 主目录信息

Ansible 远程批量管理，其中执行命令通过 Ad-Hoc 完成，即点对点单条执行命令，能够快速执行，且不需要保存执行的命令。默认 hosts 文件配置主机列表，可以配置分组，可以定义各种 IP 及规则。Hosts 列表默认配置如图 5-3 所示。

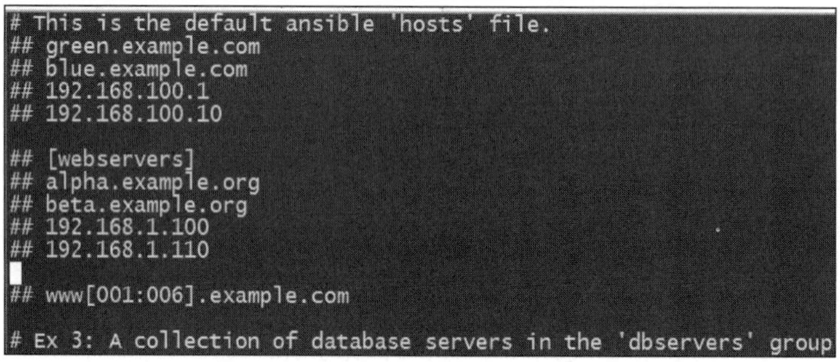

```
# This is the default ansible 'hosts' file.
## green.example.com
## blue.example.com
## 192.168.100.1
## 192.168.100.10

## [webservers]
## alpha.example.org
## beta.example.org
## 192.168.1.100
## 192.168.1.110

## www[001:006].example.com

# Ex 3: A collection of database servers in the 'dbservers' group
```

图 5-3　Hosts 主机列表默认配置

Ansible 基于多模块管理，常用的 Ansible 工具管理模块包括 command、shell、script、yum、copy、file、async、docker、cron、mysql_user、ping、sysctl、user、acl、add_host、easy_install、haproxy 等。

可以使用命令 ansible-doc -l|more 查看 Ansible 支持的模块，也可以查看每个模块的帮助文

档，命令为 ansible-doc module_name，如图 5-4 所示。

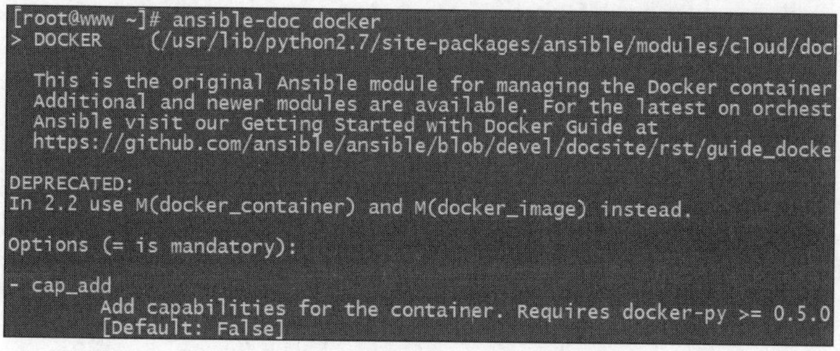

```
[root@www ~]# ansible-doc docker
> DOCKER    (/usr/lib/python2.7/site-packages/ansible/modules/cloud/doc

  This is the original Ansible module for managing the Docker container
  Additional and newer modules are available. For the latest on orchest
  Ansible visit our Getting Started with Docker Guide at
  https://github.com/ansible/ansible/blob/devel/docsite/rst/guide_docke

DEPRECATED:
In 2.2 use M(docker_container) and M(docker_image) instead.

Options (= is mandatory):

- cap_add
        Add capabilities for the container. Requires docker-py >= 0.5.0
        [Default: False]
```

图 5-4　Ansible-doc docker 帮助信息

5.4　Ansible 工具参数详解

基于 Ansible 批量管理之前，需将被管理的服务器 IP 列表添加至/etc/ansible/hosts 文件中。图 5-5 所示为添加 4 台被管理服务器端 IP 地址，分成 Web 和 DB 两组，本机也可以是被管理机。

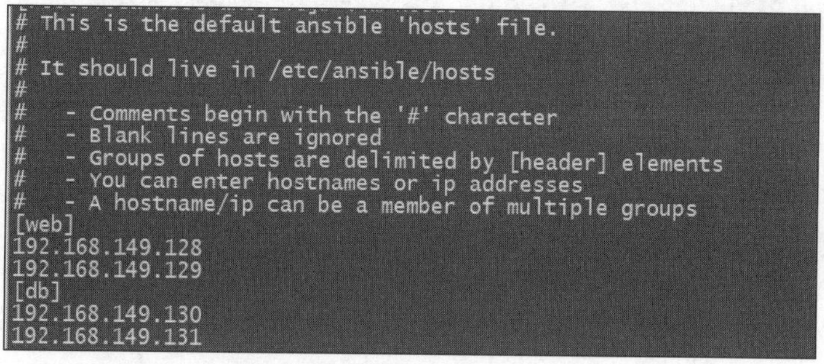

```
# This is the default ansible 'hosts' file.
#
# It should live in /etc/ansible/hosts
#
#   - Comments begin with the '#' character
#   - Blank lines are ignored
#   - Groups of hosts are delimited by [header] elements
#   - You can enter hostnames or ip addresses
#   - A hostname/ip can be a member of multiple groups
[web]
192.168.149.128
192.168.149.129
[db]
192.168.149.130
192.168.149.131
```

图 5-5　Ansible Hosts 主机列表

基于 Ansible 自动运维工具管理客户端案例操作，由于 Ansible 管理远程服务器基于 SSH，在登录远程服务器执行命令时需要输入远程服务器的用户名和密码，也可以加入-k 参数手动输入密码或基于 ssh-keygen 设置免密钥登录。

Ansible 自动化批量管理工具主要参数如下：

```
-v, -verbose                        #打印详细模式
-i PATH, -inventory=PATH            #指定 host 文件路径
-f NUM, -forks=NUM                  #指定 fork 开启同步进程的个数,默认为 5
```

```
-m NAME, -module-name=NAME          #指定 module 名称,默认模块 command
-a MODULE_ARGS                      #Module 模块的参数或命令
-k, -ask-pass                       #输入远程被管理端密码
-sudo                               #基于 sudo 用户执行
-K, -ask-sudo-pass                  #提示输入 sudo 密码,与 sudo 一起使用
-u USERNAME, -user=USERNAME         #指定移动端的执行用户
-C, -check                          #测试执行过程,不改变真实内容,相当于预演
-T TIMEOUT,                         #执行命令超时时间,默认为 10s
--version                           #查看 Ansible 软件版本信息
```

5.5 Ansible ping 模块实战

Ansible 最基础的模块为 ping 模块，主要用于判断远程客户端是否在线，用于 ping 本身服务器，返回值为 changed、ping。

Ansible ping 服务器状态的代码如下，运行结果如图 5-6 所示。

```
ansible -k all  -m ping
```

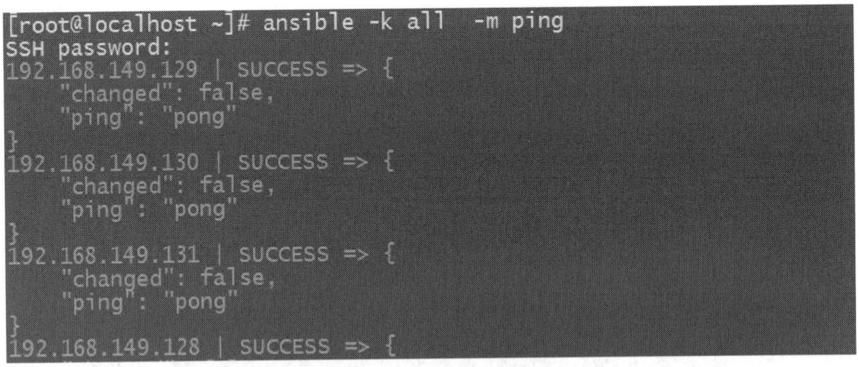

```
[root@localhost ~]# ansible -k all  -m ping
SSH password:
192.168.149.129 | SUCCESS => {
    "changed": false,
    "ping": "pong"
}
192.168.149.130 | SUCCESS => {
    "changed": false,
    "ping": "pong"
}
192.168.149.131 | SUCCESS => {
    "changed": false,
    "ping": "pong"
}
192.168.149.128 | SUCCESS => {
```

图 5-6 Ansible ping 服务器状态

5.6 Ansible command 模块实战

Ansible command 模块为 Ansible 默认模块，主要用于执行 Linux 基础命令，可以执行远程服务器命令、任务等操作。模块使用详解如下：

```
Chdir                       #执行命令前,切换到目录
Creates                     #当该文件存在时,不执行该步骤
Executable                  #换用 Shell 环境执行命令
```

```
Free_form                          #需要执行的脚本
Removes                            #当该文件不存在时,不执行该步骤
Warn                               #关闭或开启警告提示
```

Ansible command 模块企业常用案例如下。

（1）Ansible command 模块远程执行 date 命令如下，执行结果如图 5-7 所示。

```
ansible -k -i /etc/ansible/hosts  all  -m command -a  "date"
```

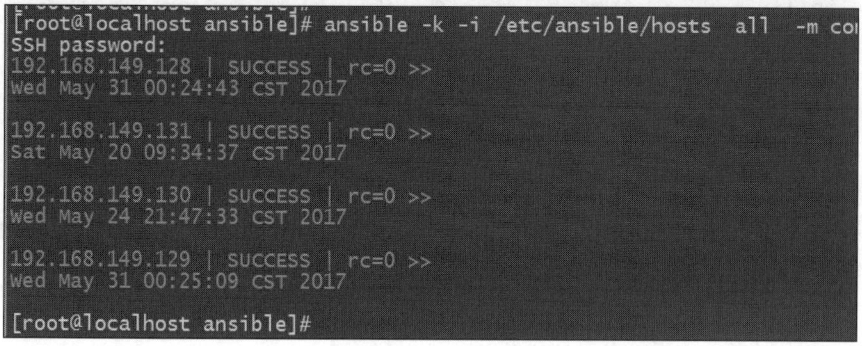

```
[root@localhost ansible]# ansible -k -i /etc/ansible/hosts  all  -m co
SSH password:
192.168.149.128 | SUCCESS | rc=0 >>
Wed May 31 00:24:43 CST 2017

192.168.149.131 | SUCCESS | rc=0 >>
Sat May 20 09:34:37 CST 2017

192.168.149.130 | SUCCESS | rc=0 >>
Wed May 24 21:47:33 CST 2017

192.168.149.129 | SUCCESS | rc=0 >>
Wed May 31 00:25:09 CST 2017

[root@localhost ansible]#
```

图 5-7　Ansible command date 命令执行结果

（2）Ansible command 模块远程执行 ping 命令如下，执行结果如图 5-8 所示。

```
ansible  -k  all  -m command -a  "ping  -c  1  www.baidu.com"
```

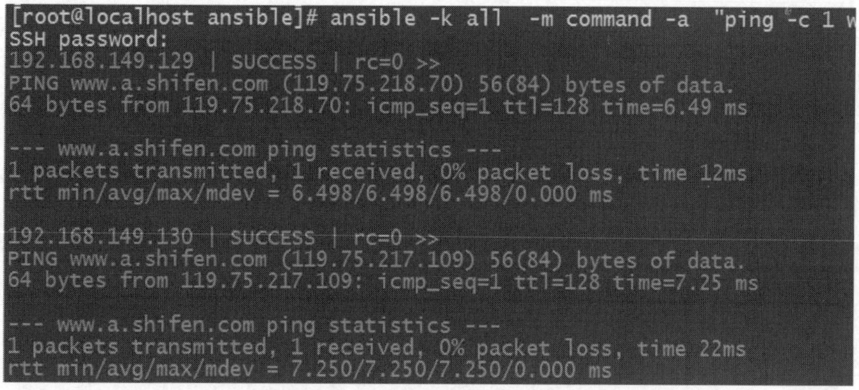

```
[root@localhost ansible]# ansible -k all  -m command -a  "ping -c 1 w
SSH password:
192.168.149.129 | SUCCESS | rc=0 >>
PING www.a.shifen.com (119.75.218.70) 56(84) bytes of data.
64 bytes from 119.75.218.70: icmp_seq=1 ttl=128 time=6.49 ms

--- www.a.shifen.com ping statistics ---
1 packets transmitted, 1 received, 0% packet loss, time 12ms
rtt min/avg/max/mdev = 6.498/6.498/6.498/0.000 ms

192.168.149.130 | SUCCESS | rc=0 >>
PING www.a.shifen.com (119.75.217.109) 56(84) bytes of data.
64 bytes from 119.75.217.109: icmp_seq=1 ttl=128 time=7.25 ms

--- www.a.shifen.com ping statistics ---
1 packets transmitted, 1 received, 0% packet loss, time 22ms
rtt min/avg/max/mdev = 7.250/7.250/7.250/0.000 ms
```

图 5-8　Ansible command ping 命令执行结果

（3）Ansible Hosts 正则模式远程执行 df –h 命令如下，执行结果如图 5-9 所示。

```
ansible -k  192.168.149.13*  -m  command  -a  "df -h"
```

```
[root@localhost ansible]# ansible -k  192.168.149.13*  -m  command
SSH password:
192.168.149.131 | SUCCESS | rc=0 >>
Filesystem        Size  Used Avail Use% Mounted on
/dev/sda3          30G   15G   14G  52% /
tmpfs             242M     0  242M   0% /dev/shm
/dev/sda1         194M  190M     0 100% /boot

192.168.149.130 | SUCCESS | rc=0 >>
Filesystem        Size  Used Avail Use% Mounted on
/dev/sda3          30G   16G   12G  57% /
tmpfs             242M     0  242M   0% /dev/shm
/dev/sda1         194M   27M  158M  15% /boot

[root@localhost ansible]#
```

图 5-9 Ansible command df –h 命令执行结果

5.7 Ansible copy 模块实战

Ansible copy 模块主要用于文件或目录复制，支持文件、目录、权限、用户组功能。模块使用详解如下：

```
src                   #Ansible 端源文件或者目录,空文件夹不复制
content               #替代 src,用于将指定文件的内容复制到远程文件内
dest                  #客户端目标目录或文件,需要绝对路径
backup                #复制之前,先备份远程节点上的原始文件
directory_mode        #用于复制文件夹,新建的文件会被复制,而老旧的不会被复制
follow                #支持 link 文件复制
force                 #覆盖远程主机不一致的内容
group                 #设定远程主机文件夹的组名
mode                  #指定远程主机文件及文件的权限
owner                 #设定远程主机文件夹的用户名
```

Ansible copy 模块企业常用案例如下。

（1）操作代码如下，其中 src 表示源文件，dest 表示目标目录或者文件，owner 指定拥有者，执行结果如图 5-10 所示。

```
ansible -k all -m copy  -a  'src=/etc/passwd  dest=/tmp/  mode=755  owner=
root'
```

（2）操作代码如下，其中 content 为文件内容，dest 为目标文件，owner 指定拥有者，执行结果如图 5-11 所示。

```
ansible -k all -m copy  -a  'content="Hello World"  dest=/tmp/jfedu.txt
mode=755  owner=root'
```

```
[root@localhost ~]# ansible -k all -m copy -a 'src=/etc/passwd  dest=
SSH password:
192.168.149.131 | SUCCESS => {
    "changed": true,
    "checksum": "6968f8053525cb8a821b3855d1860ad39f8f0e5d",
    "dest": "/tmp/passwd",
    "gid": 0,
    "group": "root",
    "md5sum": "d65ee7c1ff1b9868a6ee72eaf8666b03",
    "mode": "0755",
    "owner": "root",
    "size": 1791,
    "src": "/root/.ansible/tmp/ansible-tmp-1496163407.29-27906535929
    "state": "file",
    "uid": 0
```

图 5-10　Ansible copy 复制文件

```
root'
SSH password:
192.168.149.129 | SUCCESS => {
    "changed": true,
    "checksum": "7b502c3a1f48c8609ae212cdfb639dee39673f5e",
    "dest": "/tmp/jfedu.txt",
    "gid": 0,
    "group": "root",
    "md5sum": "3e25960a79dbc69b674cd4ec67a72c62",
    "mode": "0755",
    "owner": "root",
    "size": 11,
    "src": "/root/.ansible/tmp/ansible-tmp-1496167669.85-1119688532
    "state": "file",
    "uid": 0
```

图 5-11　Ansible copy 追加内容

（3）操作代码如下，其中 content 为文件内容，dest 为目标文件，owner 指定拥有者，backup=yes 开启备份，执行结果如图 5-12 所示。

```
ansible -k all -m copy  -a  'content="Hello World"  dest=/tmp/jfedu.txt
backup=yes mode=755  owner=root'
```

```
jfedu-net-129 tmp]# ls
xADO  ansible_YOWbvE   cacti.log  httpd-2.2.31.tar.gz  jfedu.txt  jfedu.
jfedu-net-129 tmp]#
jfedu-net-129 tmp]# ll

 2 root root    4096 May 31 01:39 ansible_G2xADO
 2 root root    4096 May 31 01:39 ansible_YOWbvE
 1 root root    1064 May 31 01:35 cacti.log
 1 root root 4711452 May 31 01:22 httpd-2.2.31.tar.gz
 1 root root      16 May 31 02:03 jfedu.txt
 1 root root      11 May 31 02:01 jfedu.txt.28886.2017-05-31@02:03:38~
 3 root root    4096 May 31 01:36 test
jfedu-net-129 tmp]#
jfedu-net-129 tmp]# ll jfedu.txt.28886.2017-05-31\@02\:03\:38~
 1 root root 11 May 31 02:01 jfedu.txt.28886.2017-05-31@02:03:38~
```

图 5-12　Ansible copy 客户端备份结果

5.8 Ansible YUM 模块实战

Ansible YUM 模块主要用于软件的安装、升级和卸载，支持红帽.rpm 软件的管理，模块使用详解如下：

```
conf_file                        #设定远程 YUM 执行时所依赖的 YUM 配置文件
disable_gpg_check                #安装软件包之前是否坚持 gpg  key
name                             #需要安装的软件名称,支持软件组安装
update_cache                     #安装软件前更新缓存
enablerepo                       #指定 repo 源名称
skip_broken                      #跳过异常软件节点
state             #软件包状态,包括 installed、present、latest、absent、removed
```

Ansible YUM 模块企业常用案例如下。

（1）操作代码如下，其中 name 表示需安装的软件名称，state 表示状态，state=installed 表示安装软件，执行结果如图 5-13 所示。

```
ansible  all  -k  -m  yum  -a  "name=sysstat,screen  state=installed"
```

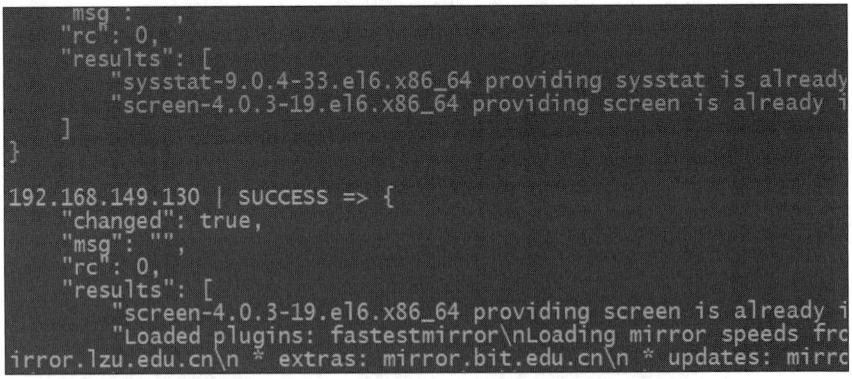

```
    "msg": "",
    "rc": 0,
    "results": [
        "sysstat-9.0.4-33.el6.x86_64 providing sysstat is already
        "screen-4.0.3-19.el6.x86_64 providing screen is already i
    ]
}

192.168.149.130 | SUCCESS => {
    "changed": true,
    "msg": "",
    "rc": 0,
    "results": [
        "screen-4.0.3-19.el6.x86_64 providing screen is already i
        "Loaded plugins: fastestmirror\nLoading mirror speeds fro
irror.lzu.edu.cn\n * extras: mirror.bit.edu.cn\n * updates: mirro
```

图 5-13　Ansible YUM 安装软件包

（2）操作代码如下，其中 name 表示需安装的软件名称，state 表示状态，state=absent 表示安装软件，执行结果如图 5-14 所示。

```
ansible  all  -k  -m  yum  -a  "name=sysstat,screen  state=absent"
```

（3）操作代码如下，其中 name 表示需安装的软件名称，state 表示状态，state=installed 表示安装软件，disable_gpg_check=no 表示不检查 key，执行结果如图 5-15 所示。

```
ansible 192.168.149.129 -k -m yum -a "name=sysstat,screen state=
installed disable_gpg_check=no"
```

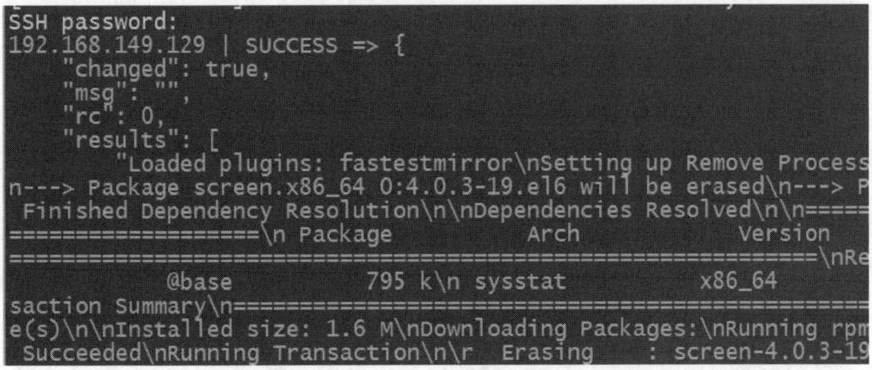

```
SSH password:
192.168.149.129 | SUCCESS => {
    "changed": true,
    "msg": "",
    "rc": 0,
    "results": [
        "Loaded plugins: fastestmirror\nSetting up Remove Process
n---> Package screen.x86_64 0:4.0.3-19.el6 will be erased\n---> P
 Finished Dependency Resolution\n\nDependencies Resolved\n\n=====
==================\n Package            Arch              Version
===============================================================\nRe
          @base           795 k\n sysstat           x86_64
saction Summary\n================================================
e(s)\n\nInstalled size: 1.6 M\nDownloading Packages:\nRunning rpm
 Succeeded\nRunning Transaction\n\r  Erasing    : screen-4.0.3-19
```

图 5-14　Ansible YUM 卸载软件包

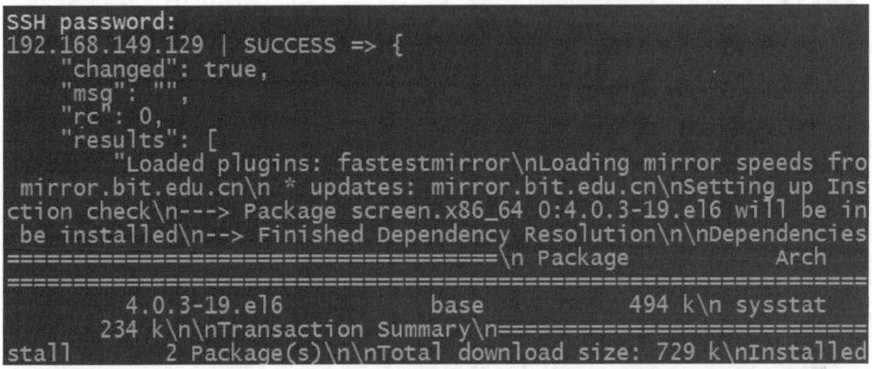

```
SSH password:
192.168.149.129 | SUCCESS => {
    "changed": true,
    "msg": "",
    "rc": 0,
    "results": [
        "Loaded plugins: fastestmirror\nLoading mirror speeds fro
 mirror.bit.edu.cn\n * updates: mirror.bit.edu.cn\nSetting up Ins
ction check\n---> Package screen.x86_64 0:4.0.3-19.el6 will be in
 be installed\n--> Finished Dependency Resolution\n\nDependencies
=====================================\n Package          Arch
=================================================================
        4.0.3-19.el6          base          494 k\n sysstat
      234 k\n\nTransaction Summary\n==========================
stall       2 Package(s)\n\nTotal download size: 729 k\nInstalled
```

图 5-15　Ansible YUM 安装软件包，不检查 key

5.9　Ansible file 模块实战

Ansible file 模块主要用于对文件的创建、删除、修改、权限、属性的维护和管理，模块使用详解如下：

```
src                      #Ansible 端源文件或目录
follow                   #支持链接文件复制
force                    #覆盖远程主机不一致的内容
group                    #设定远程主机文件夹的组名
mode                     #指定远程主机文件及文件夹的权限
```

```
owner                        #设定远程主机文件夹的用户名
path                         #目标路径,也可以用 dest,name 代替
state                        #状态包括 file、link、directory、hard、touch、absent
attributes                   #文件或者目录特殊属性
```

Ansible file 模块企业常用案例如下。

（1）操作代码如下，其中 path 表示目录的名称和路径，state=directory 表示创建目录，执行结果如图 5-16 所示。

```
ansible -k 192.168.* -m file -a "path=/tmp/'date +%F' state=directory
mode=755"
```

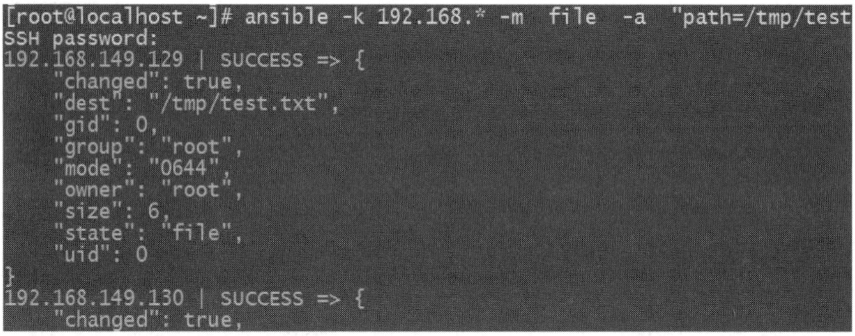

```
[root@localhost ~]# ansible -k 192.168.* -m  file  -a  "path=/tmp/test
SSH password:
192.168.149.129 | SUCCESS => {
    "changed": true,
    "dest": "/tmp/test.txt",
    "gid": 0,
    "group": "root",
    "mode": "0644",
    "owner": "root",
    "size": 6,
    "state": "file",
    "uid": 0
}
192.168.149.130 | SUCCESS => {
    "changed": true,
```

图 5-16　Ansible file 创建目录

（2）操作代码如下，其中 path 表示目录的名称和路径，state=touch 表示创建文件，执行结果如图 5-17 所示。

```
ansible -k 192.168.* -m file -a "path=/tmp/jfedu.txt state=touch
mode=755"
```

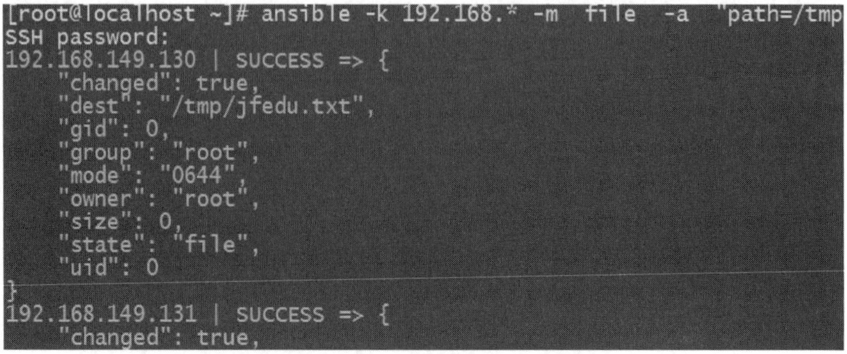

```
[root@localhost ~]# ansible -k 192.168.* -m  file  -a  "path=/tmp
SSH password:
192.168.149.130 | SUCCESS => {
    "changed": true,
    "dest": "/tmp/jfedu.txt",
    "gid": 0,
    "group": "root",
    "mode": "0644",
    "owner": "root",
    "size": 0,
    "state": "file",
    "uid": 0
}
192.168.149.131 | SUCCESS => {
    "changed": true,
```

图 5-17　Ansible file 创建文件

5.10 Ansible user 模块实战

Ansible user 模块主要用于操作系统用户、组、权限、密码等操作，相关参数详解如下：

```
system                              #默认创建为普通用户,为 yes 则创建系统用户
append                              #添加一个新的组
comment                             #新增描述信息
createhome                          #给用户创建主目录
force                               #用于删除强制删除用户
group                               #创建用户主组
groups                              #将用户加入组或者附属组添加
home                                #指定用户的主目录
name                                #表示用户的名称
password                            #指定用户的密码,此处为加密密码
remove                              #删除用户
shell                               #设置用户的 Shell 登录环境
uid                                 #设置用户 ID
update_password                     #修改用户密码
state                               #用户状态,默认为 present,表示新建用户
```

Ansible user 模块企业常用案例如下。

（1）操作代码如下，其中 name 表示用户名称，home 表示其主目录，执行结果如图 5-18 所示。

```
ansible -k 192.168.149.* -m user -a "name=jfedu home=/tmp/"
```

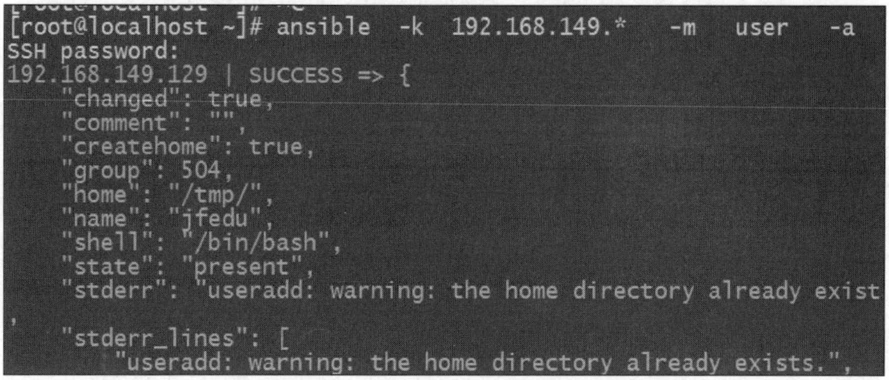

```
[root@localhost ~]# ansible  -k  192.168.149.*   -m   user   -a
SSH password:
192.168.149.129 | SUCCESS => {
    "changed": true,
    "comment": "",
    "createhome": true,
    "group": 504,
    "home": "/tmp/",
    "name": "jfedu",
    "shell": "/bin/bash",
    "state": "present",
    "stderr": "useradd: warning: the home directory already exist
,
    "stderr_lines": [
        "useradd: warning: the home directory already exists.",
```

图 5-18 Ansible user 创建新用户

（2）操作代码如下，其中 name 表示用户名称，home 表示其主目录，执行结果如图 5-19 所示。

```
vansible -k 192.168.149.*  -m  user  -a  "name=jfedu  home=/tmp/
shell=/sbin/nologin"
```

```
192.168.149.131 | SUCCESS => {
    "append": false,
    "changed": false,
    "comment": "",
    "group": 501,
    "home": "/tmp/",
    "move_home": false,
    "name": "jfedu",
    "shell": "/sbin/nologin",
    "state": "present",
    "uid": 501
}
192.168.149.129 | SUCCESS => {
    "changed": true,
    "comment": "",
```

图 5-19　Ansible user 指定 Shell 环境

（3）操作代码如下，其中 name 表示用户名称，state=absent 表示删除用户，执行结果如图 5-20 所示。

```
ansible -k 192.168.149.*  -m  user  -a  "name=jfedu  state=absent
force=yes"
```

```
[root@localhost ~]# ansible  -k  192.168.149.*   -m   user   -a
SSH password:
192.168.149.129 | SUCCESS => {
    "changed": true,
    "force": true,
    "name": "jfedu",
    "remove": false,
    "state": "absent"
}
192.168.149.131 | SUCCESS => {
    "changed": true,
    "force": true,
    "name": "jfedu",
    "remove": false,
    "state": "absent"
```

图 5-20　Ansible user 删除用户

5.11　Ansible cron 模块实战

Ansible cron 模块主要用于添加、删除、更新操作系统 Crontab 任务计划，模块使用详解如下：

```
name                        #任务计划名称
cron_file                   #替换客户端该用户的任务计划的文件
minute                      #分( 0~59 ,* ,*/2 )
hour                        #时( 0~23 ,* ,*/2 )
day                         #日( 1~31 ,* ,*/2 )
month                       #月( 1~12 ,* ,*/2 )
weekday                     #周( 0~6 或 1~7 ,* )
job                         #任何计划执行的命令,state 要设为 present
backup                      #是否备份之前的任务计划
user                        #新建任务计划的用户
state                       #指定任务计划状态,可设为 present 或 absent
```

Ansible cron 模块企业常用案例如下。

（1）创建 crontab 任务计划的代码如下，执行结果如图 5-21 所示。

```
ansible -k all -m cron -a "minute=0 hour=0 day=* month=* weekday=
* name='Ntpdate server for sync time'  job='/usr/sbin/ntpdate 139.224.
227.121'"
```

```
[root@localhost ~]# ansible -k all -m cron -a "minute=0 ho
 sync time'   job='/usr/sbin/ntpdate 139.224.227.121'"
SSH password:
192.168.149.129 | SUCCESS => {
    "changed": true,
    "envs": [],
    "jobs": [
        "Ntpdate server for sync time"
    ]
}
192.168.149.130 | SUCCESS => {
    "changed": false,
    "envs": [],
    "jobs": [
        "Ntpdate server for sync time"
```

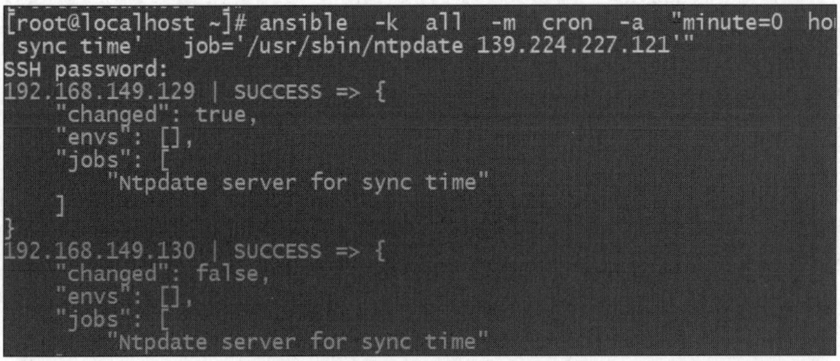

图 5-21　Ansible cron 添加任务计划

（2）备份 crontab 任务计划，其中 backup=yes 表示开启备份，备份文件存放于客户端/tmp/，代码如下，执行结果如图 5-22 所示。

```
ansible -k all -m cron -a "minute=0 hour=0 day=* month=* weekday=
name='Ntpdate server for sync time' backup=yes job='/usr/sbin/ntpdate
pool.ntp.org'"
```

（3）删除 crontab 任务计划的代码如下，执行结果如图 5-23 所示。

```
ansible -k all -m cron -a "name='Ntpdate server for sync time'
state=absent"
```

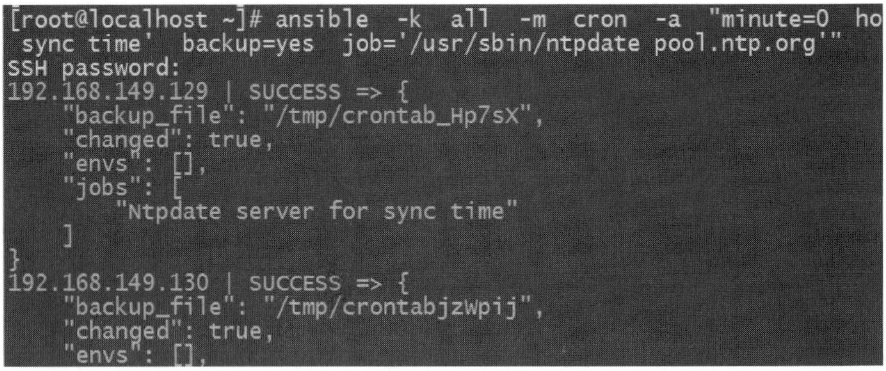

```
[root@localhost ~]# ansible -k all -m cron -a "minute=0 ho
 sync time' backup=yes job='/usr/sbin/ntpdate pool.ntp.org'"
SSH password:
192.168.149.129 | SUCCESS => {
    "backup_file": "/tmp/crontab_Hp7sX",
    "changed": true,
    "envs": [],
    "jobs": [
        "Ntpdate server for sync time"
    ]
}
192.168.149.130 | SUCCESS => {
    "backup_file": "/tmp/crontabjzWpij",
    "changed": true,
    "envs": [],
```

图 5-22 Ansible cron 备份任务计划

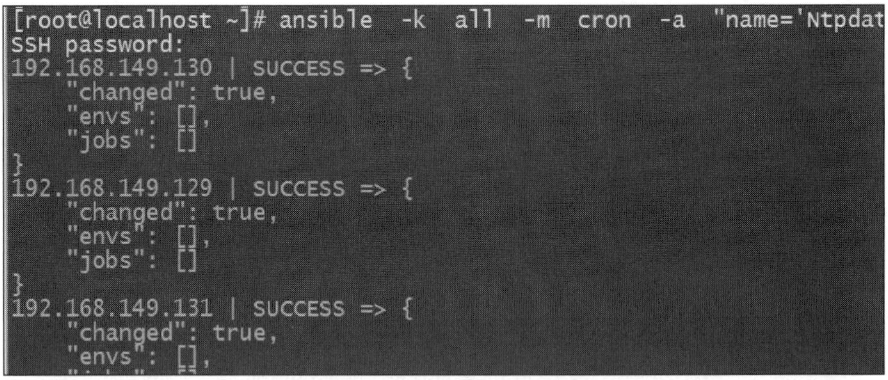

```
[root@localhost ~]# ansible -k all -m cron -a "name='Ntpdat
SSH password:
192.168.149.130 | SUCCESS => {
    "changed": true,
    "envs": [],
    "jobs": []
}
192.168.149.129 | SUCCESS => {
    "changed": true,
    "envs": [],
    "jobs": []
}
192.168.149.131 | SUCCESS => {
    "changed": true,
    "envs": [],
```

图 5-23 Ansible cron 删除任务计划

5.12 Ansible synchronize 模块实战

Ansible synchronize 模块主要用于目录和文件同步，基于 Rsync 命令同步目录。模块使用详解如下：

```
compress                  #开启压缩,默认为开启
archive                   #是否采用归档模式同步,保证源和目标文件属性一致
checksum                  #是否校验
```

```
dirs                    #以非递归的方式传输目录
links                   #同步链接文件
recursive               #是否递归(yes/no)
rsync_opts              #使用 rsync 的参数
copy_links              #同步的时候是否复制链接
delete                  #删除源中没有而目标中存在的文件
src                     #源目录及文件
dest                    #目标目录及文件
dest_port               #目标接收的端口
rsync_path              #服务的路径,指定 rsync 命令在远程服务器上运行
rsync_timeout           #指定 rsync 操作的 IP 超时时间
set_remote_user         #设置远程用户名
--exclude=.log          #忽略以同步.log 结尾的文件
mode                    #同步的模式,rsync 同步的方式为 push、pull,默认都是推送 push
```

Ansible synchronize 模块企业常用案例如下。

（1）操作代码如下，其中 src 表示源目录，dest 表示目标目录，执行结果如图 5-24 所示。

```
ansible -k all -m synchronize -a 'src=/tmp/ dest=/tmp/'
```

```
192.168.149.129 | SUCCESS => {
    "changed": true,
    "cmd": "/usr/bin/rsync --delay-updates -F --compress --archiv
o StrictHostKeyChecking=no --out-format=<<CHANGED>>%i %n%L /tmp/
    "msg": ".d..t...... ./\n<f.st...... cacti.log\n<f+++++++++ cr
.txt\n<f..t...... test.txt\n<f+++++++++ tmp41pHom\n<f+++++++++ tm
\n<f+++++++++ tmpbKomV7\ncd+++++++++ ansible_RTiOm9/\n<f+++++++++
.zip\n<f+++++++++ ansible_RTiOm9/ansible_module_synchronize.py\n"
    "rc": 0,
    "stdout_lines": [
        ".d..t...... ./",
        "<f.st...... cacti.log",
        "<f+++++++++ crontabSqrvcV",
        "<f.st...... jfedu.txt",
```

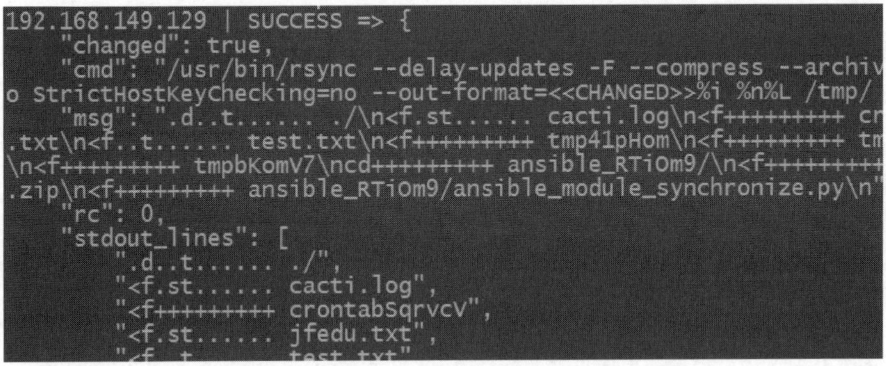

图 5-24　Ansible 目录同步

（2）操作代码如下，其中 src 表示源目录，dest 表示目标目录，compress=yes 表示开启压缩，delete=yes 表示数据一致，rsync_opts 表示同步参数，--exclude 表示排除文件，执行结果如图 5-25 所示。

```
ansible -k all -m synchronize -a 'src=/tmp/ dest=/tmp/ compress=yes
delete=yes rsync_opts=--no-motd,--exclude=.txt'
```

```
192.168.149.130 | SUCCESS => {
    "changed": true,
    "cmd": "/usr/bin/rsync --delay-updates -F --compress --delet
n/ssh -S none -o StrictHostKeyChecking=no --no-motd --exclude=.t
n%L /tmp/ 192.168.149.130:/tmp/",
    "msg": ".d..t...... ./\n<f.st...... cacti.log\n<f+++++++++ c
.txt\n<f..t...... test.txt\n<f+++++++++ tmp41pHom\n<f+++++++++ t
\n<f+++++++++ tmpbKomV7\ncd+++++++++ ansible_CKVg5Y/\n<f++++++++
.zip\n<f+++++++++ ansible_CKVg5Y/ansible_module_synchronize.py\n
+++++++++ ansible_KGnLPC/ansible_modlib.zip\n<f+++++++++ ansible
ize.py\ncd+++++++++ ansible_L_uQYR/\n<f+++++++++ ansible_L_uQYR/
 ansible_L_uQYR/ansible_module_synchronize.py\ncd+++++++++ ansib
_zghbN7/ansible_modlib.zip\n<f+++++++++ ansible_zghbN7/ansible_m
   ansible_cT1GmK/ansible_module_synchronize.py\n*deleting   ans
n*deleting   ansible_cT1GmK/\n*deleting   ansible_bOU9I1/ansible
```

图 5-25 Ansible 目录同步排除.txt 文件

5.13 Ansible Shell 模块实战

Ansible Shell 模块主要用于在远程客户端上执行各种 Shell 命令或运行脚本，远程执行命令通过/bin/sh 环境执行，支持比 command 更多的指令。模块使用详解如下：

```
Chdir            #执行命令前，切换到目录
Creates          #当该文件存在时，不执行该步骤
Executable       #换用 Shell 环境执行命令
Free_form        #需要执行的脚本
Removes          #当该文件不存在时，不执行该步骤
Warn             #如果在 ansible.cfg 中存在告警，若设定了 False，则不会警告此行
```

Ansible Shell 模块企业常用案例如下。

（1）操作代码如下，其中-m shell 指定模块为 Shell，远程执行 Shell 脚本。远程执行脚本也可采用 script 模块。把执行结果追加至客户端服务器/tmp/var.log 文件，执行结果如图 5-26 所示。

```
ansible -k all -m shell -a "/bin/sh /tmp/variables.sh >>/tmp/var.log"
```

（2）远程执行创建目录命令，执行之前切换至/tmp 目录，屏蔽警告信息，代码如下，执行结果如图 5-27 所示。

```
ansible -k all -m shell -a "mkdir -p 'date +%F' chdir=/tmp/ state=directory
warn=no"
```

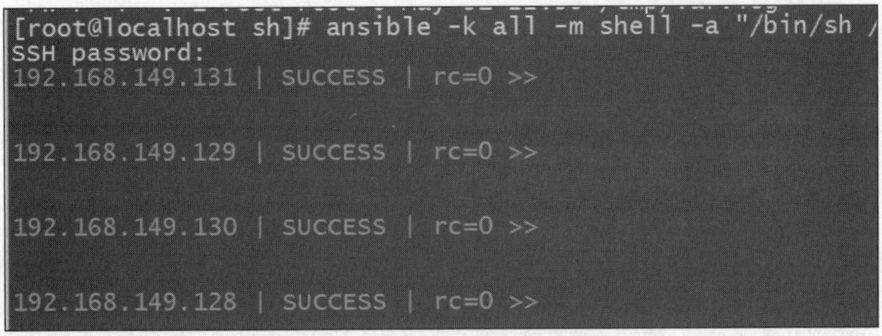

```
[root@localhost sh]# ansible -k all -m shell -a "/bin/sh /
SSH password:
192.168.149.131 | SUCCESS | rc=0 >>

192.168.149.129 | SUCCESS | rc=0 >>

192.168.149.130 | SUCCESS | rc=0 >>

192.168.149.128 | SUCCESS | rc=0 >>
```

图 5-26　Ansible Shell 远程执行脚本

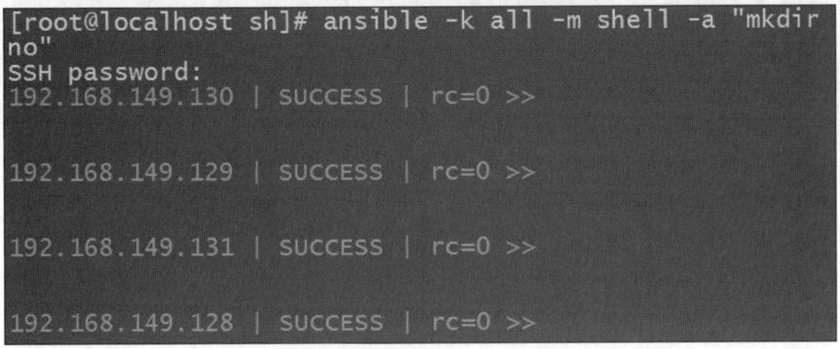

```
[root@localhost sh]# ansible -k all -m shell -a "mkdir
no"
SSH password:
192.168.149.130 | SUCCESS | rc=0 >>

192.168.149.129 | SUCCESS | rc=0 >>

192.168.149.131 | SUCCESS | rc=0 >>

192.168.149.128 | SUCCESS | rc=0 >>
```

图 5-27　Ansible Shell 远程创建目录

（3）操作代码如下，其中-m shell 指定模块为 Shell，远程客户端查看 http 进程是否启动，执行结果如图 5-28 所示。

```
ansible -k  all  -m  shell  -a  "ps -ef |grep http"
```

```
ansible -k all -m shell -a "ps -ef |grep http"

CESS | rc=0 >>
 0 May24 ?        00:00:11 /usr/local/zabbix/sbin/zabbix_
77 sec, idle 5 sec]
 0 20:02 pts/0    00:00:00 /bin/sh -c ps -ef |grep http
 0 20:02 pts/0    00:00:00 grep http

CESS | rc=0 >>
 0 May20 ?        00:00:07 /usr/sbin/httpd
 0 03:28 ?        00:00:00 /usr/sbin/httpd
 0 03:28 ?        00:00:00 /usr/sbin/httpd
 0 03:28 ?        00:00:00 /usr/sbin/httpd
```

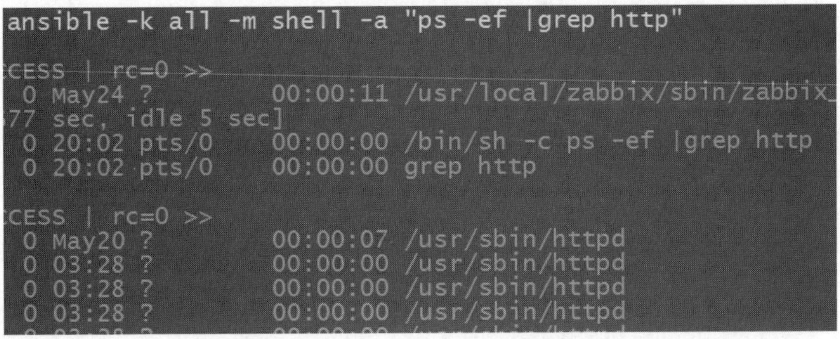

图 5-28　Ansible Shell 远程查看进程

（4）操作代码如下，其中-m shell 指定模块为 Shell，远程客户端查看 crontab 任务计划，执行结果如图 5-29 所示。

```
ansible   -k  all  -m  shell  -a  "crontab -l"
```

```
calhost sh]# ansible -k all -m shell -a "crontab -l"
word:
149.130 | SUCCESS | rc=0 >>


149.131 | SUCCESS | rc=0 >>
 * ntpdate pool.ntp.org >/dev/null 2>&1

149.129 | SUCCESS | rc=0 >>


149.128 | SUCCESS | rc=0 >>
*  *  *  /usr/bin/php /var/www/html/cacti/poller.php >>
```

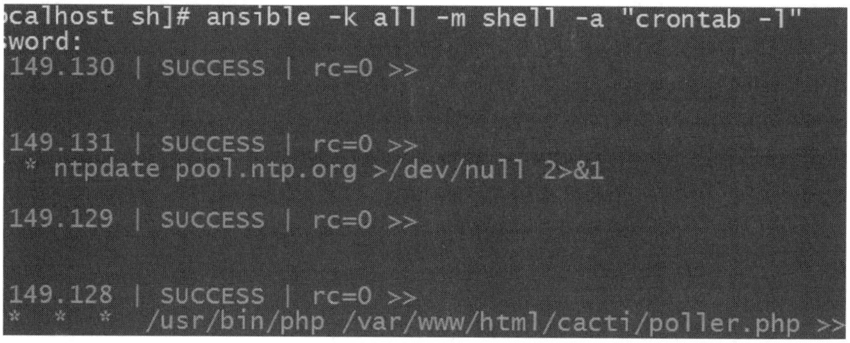

图 5-29　Ansible Shell 远程查看任务计划

5.14　Ansible service 模块实战

Ansible service 模块主要用于远程客户端各种服务管理，包括启动、停止、重启、重新加载等。模块使用详解如下：

```
enabled              #是否开启启动服务
name                 #服务名称
runlevel             #服务启动级别
arguments            #服务命令行参数传递
state                #服务操作状态,状态包括 started、stopped、restarted、reloaded
```

Ansible service 模块企业常用案例如下。

（1）远程重启 httpd 服务，代码如下，执行结果如图 5-30 所示。

```
ansible -k all  -m  service  -a  "name=httpd  state=restarted"
```

（2）远程重启网卡服务，指定参数 eth0，代码如下，执行结果如图 5-31 所示。

```
ansible  -k  all  -m  service  -a  "name=network  args=eth0  state=restarted"
```

（3）远程开机启动 nfs 服务，设置 3,5 级别自动启动，代码如下，执行结果如图 5-32 所示。

```
ansible -k all  -m  service  -a  "name=nfs  enabled=yes  runlevel=3,5"
```

```
[root@localhost sh]# ansible -k all -m service -a "name=
SSH password:
192.168.149.130 | SUCCESS => {
    "changed": true,
    "name": "httpd",
    "state": "started"
}
192.168.149.128 | SUCCESS => {
    "changed": true,
    "name": "httpd",
    "state": "started"
}
192.168.149.131 | SUCCESS => {
    "changed": true
```

图 5-30 Ansible service 重启 httpd 服务

```
[root@localhost sh]# ansible -k all  -m  service  -a  "na
SSH password:
192.168.149.129 | SUCCESS => {
    "changed": true,
    "name": "network",
    "state": "started"
}
192.168.149.128 | SUCCESS => {
    "changed": true,
    "name": "network",
    "state": "started"
}
192.168.149.131 | SUCCESS => {
    "changed": true,
```

图 5-31 Ansible service 重启 network 服务

```
[root@localhost sh]# ansible -k all  -m  service  -a  "
SSH password:
192.168.149.130 | SUCCESS => {
    "changed": false,
    "enabled": true,
    "name": "nfs"
}
192.168.149.131 | SUCCESS => {
    "changed": false,
    "enabled": true,
    "name": "nfs"
}
192.168.149.129 | SUCCESS => {
    "changed": true,
```

图 5-32 Ansible service 开机启动 nfs 服务

5.15 Ansible Playbook 应用

服务器数量较少时，可以使用点对点的方式管理远程主机。如果服务器数量很多，配置信息比较多，还可以利用 Ansible Playbook 编写剧本，从而以非常简便的方式实现任务处理的自动化与流程化。

Playbook 由一个或多个 play（角色）组成列表，play 的主要功能在于定义需要执行 task 任务的主机或组，实现通过 Ansible 中的 Task（任务）定义好的角色，指定剧本对应的服务器组。

从根本上说，Task 是一个任务，Task 调用 Ansible 各种模块（module），将多个 paly 组织在一个 Playbook（剧本）中，然后组成一个非常完整的流程控制集合。

基于 Ansible Playbook 还可以收集命令、创建任务集，这样能够大大降低管理工作的复杂程度。Playbook 采用 YAML 语法结构，易于阅读、方便配置。

YAML（Yet Another Markup Language）是一种直观的能够被计算机识别的数据序列化格式，是一个可读性高且容易被人类阅读、容易和脚本语言交互、用来表达资料序列的编程语言。它参考了其他多种语言，包括 XML、C 语言、Python、Perl 以及电子邮件格式 RFC2822，是类似于标准通用标记语言的子集 XML 的数据描述语言，语法比 XML 简单很多。

YAML 使用空白字符和分行分隔资料，适合用 GREP、Python、Perl、Ruby 操作。

（1）YAML 语言特性如下：

① 可读性强。

② 和脚本语言的交互性好。

③ 使用实现语言的数据类型。

④ 一致的信息模型。

⑤ 易于实现。

⑥ 可以基于流处理。

⑦ 可扩展性强。

（2）Playbooks 组件如下：

```
Target       #定义 Playbook 的远程主机组
Variable     #定义 Playbook 使用的变量
Task         #定义远程主机上执行的任务列表
Handler      #定义 Task 执行完成以后需要调用的任务，如配置文件被改动，则启动 handler
             #任务重启相关联的服务
```

（3）Target 常用参数如下：

```
hosts                         #定义远程主机组
user                          #执行该任务的用户
sudo                          #如设置为 yes,则执行任务的时候使用 root 权限
sudo_user                     #指定 sudo 普通用户
connection                    #默认基于 SSH 连接客户端
gather_facts                  #获取远程主机 facts 基础信息
```

（4）Variable 常用参数如下：

```
vars                          #定义格式,变量名:变量值
vars_files                    #指定变量文件
vars_prompt                   #用户交互模式自定义变量
setup                         #模块设置远程主机的值
```

（5）Task 常用参数如下：

```
name                          #任务显示名称,即屏幕显示信息
action                        #定义执行的动作
copy                          #复制本地文件到远程主机
template                      #复制本地文件到远程主机,可以引用本地变量
service                       #定义服务的状态
```

Ansible Playbook 案例演示如下。

（1）远程主机安装 Nginx Web 服务，Playbook 代码如下，执行结果如图 5-33 所示。

```
- hosts: all
  remote_user: root
  tasks:
  - name: Jfedu Pcre-devel and Zlib LIB Install.
    yum:  name=pcre-devel,pcre,zlib-devel state=installed
  - name: Jfedu  Nginx WEB  Server Install Process.
    shell: cd /tmp;rm -rf nginx-1.12.0.tar.gz;wget http://nginx.org/
download/nginx-1.12.0.tar.gz;tar xzf nginx-1.12.0.tar.gz;cd nginx-1.12.
0;./configure --prefix=/usr/local/nginx;make;make install
```

（2）检测远程主机 Nginx 目录是否存在，不存在则安装 Nginx Web 服务，安装完成后启动 Nginx，Playbook 代码如下，执行结果如图 5-34 所示。

```
- hosts: all
  remote_user: root
  tasks:
      - name: Nginx server Install 2021
        file: path=/usr/local/nginx/ state=directory
```

```
        notify:
            - nginx install
            - nginx start
    handlers:
        - name: nginx install
          shell: cd /tmp;rm -rf nginx-1.12.0.tar.gz;wget http://nginx.org/
download/nginx-1.12.0.tar.gz;tar xzf nginx-1.12.0
.tar.gz;cd nginx-1.12.0;./configure --prefix=/usr/local/nginx;make;make
install
        - name: nginx start
          shell: /usr/local/nginx/sbin/nginx
```

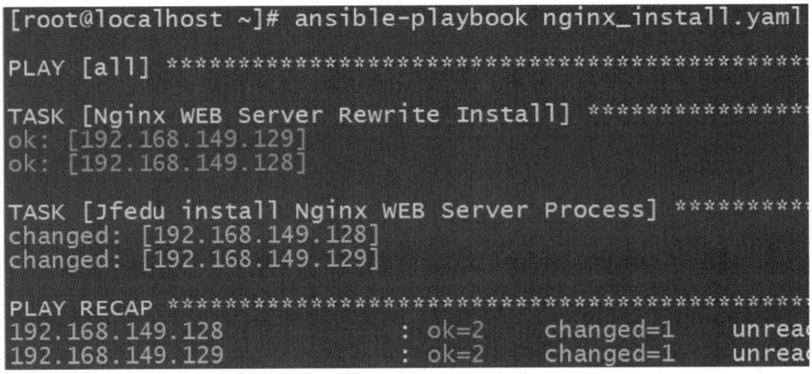

```
[root@localhost ~]# ansible-playbook nginx_install.yaml

PLAY [all] ********************************************

TASK [Nginx WEB Server Rewrite Install] ****************
ok: [192.168.149.129]
ok: [192.168.149.128]

TASK [Jfedu install Nginx WEB Server Process] **********
changed: [192.168.149.128]
changed: [192.168.149.129]

PLAY RECAP ********************************************
192.168.149.128            : ok=2    changed=1    unrea
192.168.149.129            : ok=2    changed=1    unrea
```

图 5-33　Ansible Playbook 远程 Nginx 安装

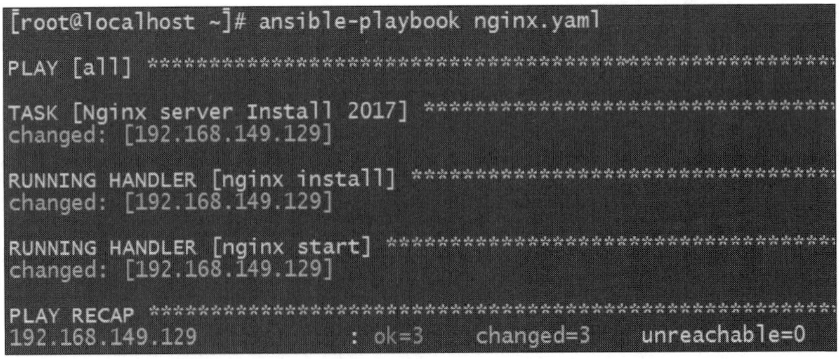

```
[root@localhost ~]# ansible-playbook nginx.yaml

PLAY [all] ********************************************

TASK [Nginx server Install 2017] ***********************
changed: [192.168.149.129]

RUNNING HANDLER [nginx install] ************************
changed: [192.168.149.129]

RUNNING HANDLER [nginx start] **************************
changed: [192.168.149.129]

PLAY RECAP ********************************************
192.168.149.129            : ok=3    changed=3    unreachable=0
```

图 5-34　Ansible Playbook Nginx 触发安装

（3）检测远程主机内核参数配置文件是否更新，如果更新，则执行命令 sysctl –p 使内核参数生效。Playbook 代码如下，执行结果如图 5-35 所示。

```
- hosts: all
  remote_user: root
  tasks:
      - name: Linux kernel config 2021
        copy: src=/data/sh/sysctl.conf dest=/etc/
        notify:
            - source sysctl
  handlers:
      - name: source sysctl
        shell: sysctl -p
```

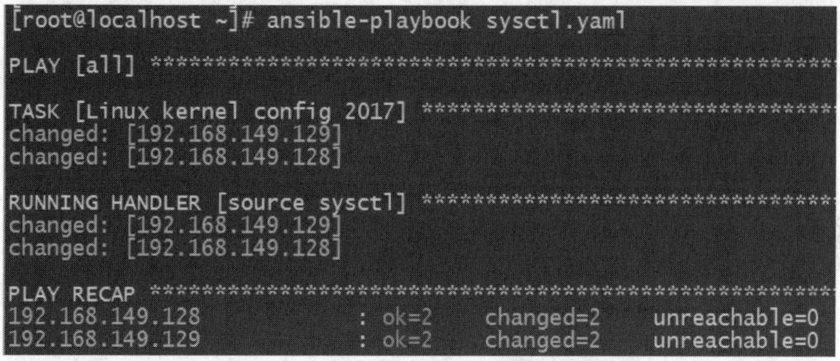

```
[root@localhost ~]# ansible-playbook sysctl.yaml

PLAY [all] ***************************************************************

TASK [Linux kernel config 2017] ******************************************
changed: [192.168.149.129]
changed: [192.168.149.128]

RUNNING HANDLER [source sysctl] ******************************************
changed: [192.168.149.129]
changed: [192.168.149.128]

PLAY RECAP ***************************************************************
192.168.149.128            : ok=2    changed=2    unreachable=0
192.168.149.129            : ok=2    changed=2    unreachable=0
```

图 5-35　Ansible Playbook 内核参数优化

（4）基于列表 items 多个值创建用户，代码如下，通过{{}}定义列表变量，with_items 选项传入变量的值，执行结果如图 5-36 所示。

```
- hosts: all
  remote_user: root
  tasks:
  - name: Linux system Add User list.
    user: name={{ item }} state=present
    with_items:
       - jfedu1
       - jfedu2
       - jfedu3
       - jfedu4
```

（5）Ansible Playbook 可以自定义 template（模板文件），模板文件主要用于服务器需求不一致的情况，需要独立定义，如两台服务器安装了 Nginx，安装完毕之后需将服务器 A 的 HTTP 端口改成 80，服务器 B 的 HTTP 端口改成 81。

① Ansible hosts 文件指定不同服务器不同 httpd_port 端口，代码如下：

```
[web]
192.168.149.128 httpd_port=80
192.168.149.129 httpd_port=81
```

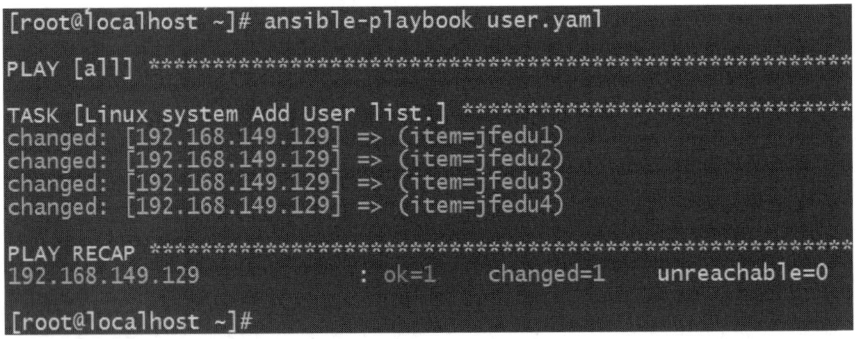

```
[root@localhost ~]# ansible-playbook user.yaml

PLAY [all] ************************************************************

TASK [Linux system Add User list.] ************************************
changed: [192.168.149.129] => (item=jfedu1)
changed: [192.168.149.129] => (item=jfedu2)
changed: [192.168.149.129] => (item=jfedu3)
changed: [192.168.149.129] => (item=jfedu4)

PLAY RECAP ************************************************************
192.168.149.129            : ok=1    changed=1    unreachable=0

[root@localhost ~]#
```

（a）

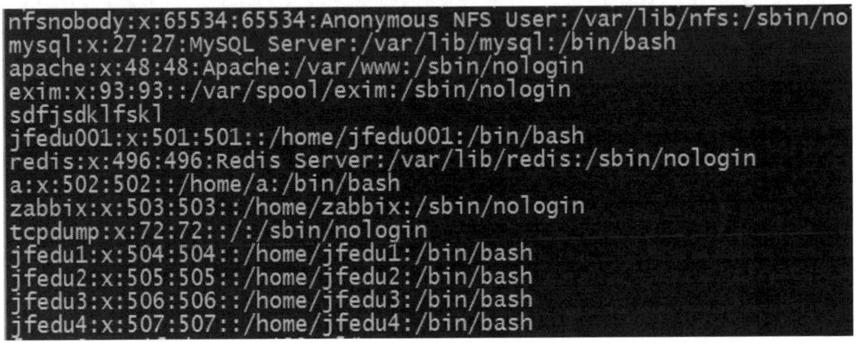

```
nfsnobody:x:65534:65534:Anonymous NFS User:/var/lib/nfs:/sbin/no
mysql:x:27:27:MySQL Server:/var/lib/mysql:/bin/bash
apache:x:48:48:Apache:/var/www:/sbin/nologin
exim:x:93:93::/var/spool/exim:/sbin/nologin
sdfjsdklfskl
jfedu001:x:501:501::/home/jfedu001:/bin/bash
redis:x:496:496:Redis Server:/var/lib/redis:/sbin/nologin
a:x:502:502::/home/a:/bin/bash
zabbix:x:503:503::/home/zabbix:/sbin/nologin
tcpdump:x:72:72::/:/sbin/nologin
jfedu1:x:504:504::/home/jfedu1:/bin/bash
jfedu2:x:505:505::/home/jfedu2:/bin/bash
jfedu3:x:506:506::/home/jfedu3:/bin/bash
jfedu4:x:507:507::/home/jfedu4:/bin/bash
```

（b）

图 5-36 Ansible Playbook item 变量创建用户

② Ansible 创建 nginx.conf jinja2 模板文件，复制文件 nginx.conf nginx.conf.j2，修改 listen 80 为 listen {{httpd_port}}，Nginx 其他配置项不变，代码如下：

```
cp nginx.conf nginx.conf.j2
listen  {{httpd_port}};
```

③ Ansible Playbook 剧本 YAML 文件创建，代码如下：

```
- hosts: all
  remote_user: root
  tasks:
      - name: Nginx server Install 2021
        file: path=/usr/local/nginx/ state=directory
```

```
        notify:
            - nginx install
            - nginx config
  handlers:
      - name: nginx install
        shell: cd /tmp;rm -rf nginx-1.12.0.tar.gz;wget http://nginx.org/
download/nginx-1.12.0.tar.gz;tar xzf nginx-1.12.0
.tar.gz;cd nginx-1.12.0;./configure --prefix=/usr/local/nginx;make;make
install
      - name: nginx config
        template: src=/data/sh/nginx.conf.j2 dest=/usr/local/nginx/conf/
nginx.conf
```

④ Ansible Playbook 执行剧本文件，如图 5-37 所示。

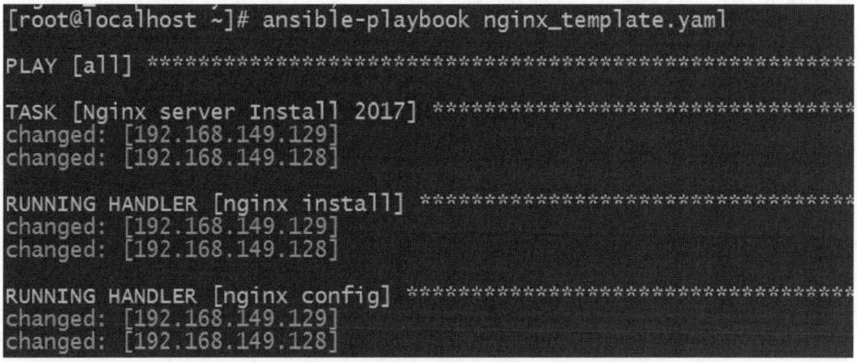

```
[root@localhost ~]# ansible-playbook nginx_template.yaml

PLAY [all] ***********************************************************

TASK [Nginx server Install 2017] *************************************
changed: [192.168.149.129]
changed: [192.168.149.128]

RUNNING HANDLER [nginx install] **************************************
changed: [192.168.149.129]
changed: [192.168.149.128]

RUNNING HANDLER [nginx config] ***************************************
changed: [192.168.149.129]
changed: [192.168.149.128]
```

（a）Ansible Playbook 执行模板 YAML

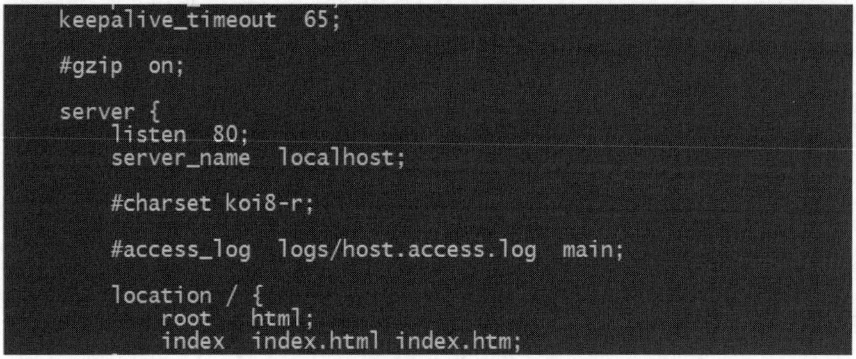

```
    keepalive_timeout  65;

    #gzip  on;

    server {
        listen       80;
        server_name  localhost;

        #charset koi8-r;

        #access_log  logs/host.access.log  main;

        location / {
            root   html;
            index  index.html index.htm;
```

（b）149.128 服务器 Nginx HTTP Port 80

图 5-37　执行结果

```
keepalive_timeout  65;

#gzip  on;

server {
    listen   81;
    server_name  localhost;

    #charset koi8-r;

    #access_log  logs/host.access.log  main;

    location / {
        root   html;
        index  index.html index.htm;
    }
```

（c）149.129 服务器 Nginx HTTP Port 81

图 5-37 （续）

5.16 Ansible 配置文件详解

Ansible 默认配置文件为/etc/ansible/ansible.cfg，配置文件中可以对 Ansible 进行各项参数的调整，包括并发线程、用户、模块路径、配置优化等。以下为 Ansible.cfg 常用参数详解。

```
[defaults]                              #通用默认配置段
inventory=/etc/ansible/hosts            #被控端 IP 或 DNS 列表
library=/usr/share/my_modules/          #Ansible 默认搜寻模块的位置
remote_tmp=$HOME/.ansible/tmp           #Ansible 远程执行临时文件
pattern=*                               #对所有主机通信
forks=5                                 #并行进程数
poll_interval=15                        #回频率或轮训间隔时间
sudo_user=root                          #sudo 远程执行用户名
ask_sudo_pass=True                      #使用 sudo,是否需要输入密码
ask_pass=True                           #是否需要输入密码
transport=smart                         #通信机制
remote_port=22                          #远程 SSH 端口
module_lang=C                           #模块和系统之间通信的语言
gathering=implicit                      #控制默认 facts 收集（远程系统变量）
roles_path=/etc/ansible/roles           #用于 Playbook 搜索 Ansible roles
host_key_checking=False                 #检查远程主机密钥
#sudo_exe=sudo                          #sudo 远程执行命令
#sudo_flags=-H                          #传递 sudo 之外的参数
timeout=10                              #SSH 超时时间
remote_user=root                        #远程登录用户名
log_path=/var/log/ansible.log           #日志文件存放路径
```

```
module_name=command                      #Ansible 命令执行默认的模块
#executable=/bin/sh                      #执行的 Shell 环境,用户 Shell 模块
#hash_behaviour=replace                  #特定的优先级覆盖变量
#jinja2_extensions                       #允许开启 Jinja2 拓展模块
#private_key_file=/path/to/file          #私钥文件存储位置
#display_skipped_hosts=True              #显示任何跳过任务的状态
#system_warnings=True                    #禁用系统运行 Ansible 潜在问题警告
#deprecation_warnings=True               #Playbook 输出禁用"不建议使用"警告
#command_warnings=False                  #command 模块 Ansible 默认发出警告
#nocolor=1                               #输出带上颜色区别,开启/关闭: 0/1
pipelining=False                         #开启 pipe  SSH 通道优化
[accelerate]                             #accelerate 缓存加速
accelerate_port=5099
accelerate_timeout=30
accelerate_connect_timeout=5.0
accelerate_daemon_timeout=30
accelerate_multi_key=yes
```

5.17　Ansible 性能调优

Ansible 企业实战环境中，如果管理的服务器越来越多，Ansibe 执行效率会变得比较慢，可以通过优化 Ansible 提供工作效率。由于 Ansible 基于 SSH 协议通信，SSH 连接慢会导致整个基于 Ansible 执行变得缓慢，也需要对 OpenSSH 进行优化。具体优化方法如下。

（1）Ansible SSH 关闭密钥检测。

默认以 SSH 登录远程客户端服务器，会检查远程主机的公钥（public key），并将该主机的公钥记录在~/.ssh/known_hosts 文件中。下次访问相同主机时，OpenSSH 会核对公钥，如果公钥不同，OpenSSH 会发出警告，如果公钥相同，则提示输入密码。

SSH 对主机的 public_key 的检查等级是根据 StrictHostKeyChecking 变量设定的，StrictHostKeyChecking 检查级别包括 no（不检查）、ask（询问）、yes（每次都检查）、False（关闭检查）。

Ansible 配置文件中加入如下代码，即可关闭 StrictHostKeyChecking 检查：

```
host_key_checking=False
```

（2）OpenSSH 连接优化。

使用 OpenSSH 服务时，默认服务器端配置文件 UseDNS=YES 状态，该选项会导致服务器根

据客户端的 IP 地址进行 DNS PTR 反向解析，得到客户端的主机名，然后根据获取到的主机名进行 DNS 正向 A 记录查询，并验证该 IP 是否与原始 IP 一致。关闭 DNS 解析代码如下：

```
sed -i '/^GSSAPI/s/yes/no/g;/UseDNS/d;/Protocol/aUseDNS no' /etc/ssh/
sshd_config
/etc/init.d/sshd restart
```

（3）SSH pipelining 加速 Ansible。

SSH pipelining 是一个加速 Ansible 执行速度的简单方法，SSH pipelining 默认是关闭的，关闭是为了兼容不同的 sudo 配置，主要是 requiretty 选项。

如果不使用 sudo 建议开启该选项，打开此选项可以减少 Ansible 执行没有文件传输时，SSH 在被控机器上执行任务的连接数。使用 sudo 操作的时候，必须在所有被管理的主机上将配置文件/etc/sudoers 中的 requiretty 选项禁用：

```
sed  -i  '/^pipelining/s/False/True/g'  /etc/ansible/ansible.cfg
```

（4）Ansible Facts 缓存优化。

ansible-playbook 在执行过程中，默认会执行 Gather facts，如果不需要获取客户端的 facts 数据，可以关闭获取 facts 数据功能，关闭之后可以加快 ansible-playbook 的执行效率。如需关闭获取 facts 功能，在 Playbook YAML 文件中加入以下代码即可：

```
gather_facts: nogather_facts: no
```

Ansible facts 组件主要用于收集客户端设备的基础静态信息，以便在做配置管理的时候引用。facts 信息直接被当作 Ansible Playbook 变量信息引用，通过定制 facts 可以收集需要的信息，同时可以通过 Facter 和 Ohai 拓展 facts 信息，也可以将 facts 信息存入 redis 缓存中。以下为 facts 使用 redis 缓存的步骤。

① 部署 redis 服务。

```
wget    http://download.redis.io/releases/redis-2.8.13.tar.gz
tar    zxf          redis-2.8.13.tar.gz
cd     redis-2.8.13
make   PREFIX=/usr/local/redis  install
cp     redis.conf     /usr/local/redis/
```

将/usr/local/redis/bin/目录加入环境变量配置文件/etc/profile 末尾，然后 Shell 终端执行 source /etc/profile 让环境变量生效。

```
export PATH=/usr/local/redis/bin:$PATH
```

启动及停止 redis 服务命令如下：

```
nohup /usr/local/redis/bin/redis-server  /usr/local/redis/redis.conf  &
```

② 安装 Python redis 模块。

```
easy_install pip
pip install redis
```

③ Ansible 整合 redis 配置。

在配置文件/etc/ansible/ansible.cfg 中 defaluts 段中加入代码，如果 redis 密码为 admin，则开启 admin 密码行。

```
gathering=smart
fact_caching=redis
fact_caching_timeout=86400
fact_caching_connection=localhost:6379
#fact_caching_connection=localhost:6379:0:admin
```

④ 测试 redis 缓存。

ansible-playbook 执行 nginx_wget.yaml 剧本文件，代码如下，如图 5-38 所示。

```
ansible-playbook   nginx_wget.yaml
```

```
[root@localhost ~]# ansible-playbook nginx_wget.yaml

PLAY [192.168.*] ******************************************

TASK [Gathering Facts] ************************************
ok: [192.168.149.129]
ok: [192.168.149.130]
ok: [192.168.149.131]
ok: [192.168.149.128]

TASK [www.jfedu.net Centos Manager] ***********************
```

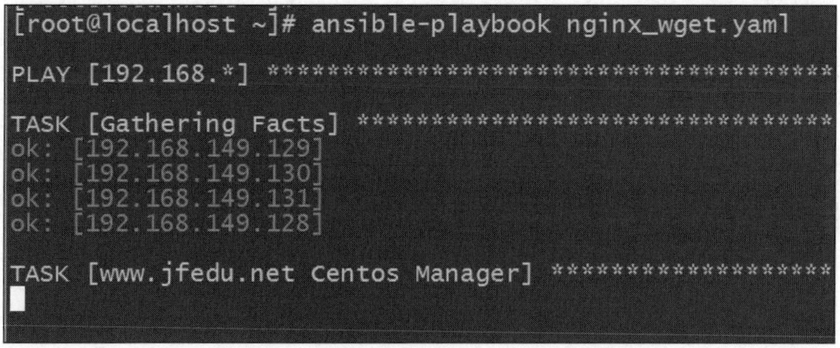

图 5-38　Ansible Playbook 执行 YAML

检查 redis 服务器，facts key 已存入 redis，如图 5-39 所示。

（5）ControlPersist SSH 优化。

ControlPersist 特性需要高版本的 SSH 支持，CentOS 6 默认是不支持的，如果需要使用，则需要自行升级 OpenSSH。

ControlPersist 即持久化的 Socket，一次验证多次通信，只需要修改 SSH 客户端配置即可。

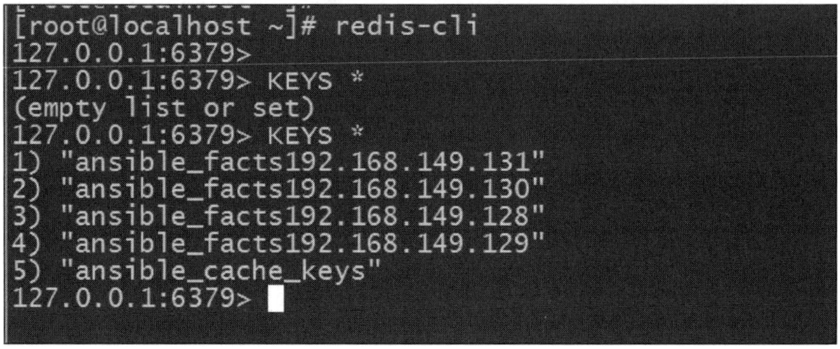

```
[root@localhost ~]# redis-cli
127.0.0.1:6379>
127.0.0.1:6379> KEYS *
(empty list or set)
127.0.0.1:6379> KEYS *
1) "ansible_facts192.168.149.131"
2) "ansible_facts192.168.149.130"
3) "ansible_facts192.168.149.128"
4) "ansible_facts192.168.149.129"
5) "ansible_cache_keys"
127.0.0.1:6379>
```

图 5-39 redis 缓存服务器缓存 facts 主机信息

可使用 YUM 或源码编译升级 OpenSSH 服务，升级完毕 ControlPersist 的设置方法如下，在其用户的家目录创建 config 文件，如果 Ansible 以 root 用户登录客户端，则在客户端的 /root/.ssh/config 目录中添加如下代码即可：

```
Host *
  Compression yes
  ServerAliveInterval 60
  ServerAliveCountMax 5
  ControlMaster auto
  ControlPath ~/.ssh/sockets/%r@%h-%p
  ControlPersist 4h
```

开启 ControlPersist 特性，SSH 在建立 sockets 后，节省了每次验证和创建的时间，对 Ansible 执行速度提升是非常明显的。

第 6 章 SaltStack 自动运维企业实战

本章将介绍 SaltStack 工作原理、SaltStack 安装配置、生产环境模块讲解、SaltStack 企业场景案例、SaltStack SLS 案例实战等。

6.1 SaltStack 运维工具特点

SaltStack 与 Puppet 均属于 C/S 模式，需安装服务器端与客户端，基于 Python 编写，加入 MQ 消息同步，可以使执行命令和执行结果高效返回，但其执行过程需等待客户端信息全部返回，如果客户端未及时返回信息或未响应，可能会导致部分机器没有执行结果。

6.2 SaltStack 运维工具简介

SaltStack 是一个服务器基础架构集中化管理平台，具备配置管理、远程执行、监控等功能，基于 Python 语言实现，结合轻量级消息队列（ZeroMQ）与 Python 第三方模块（Pyzmq、PyCrypto、Pyjinjia2、python-msgpack 和 PyYAML 等）构建。

通过部署 SaltStack，可以在成千上万台服务器上批量执行命令，根据不同业务进行配置集中化管理、分发文件，采集服务器数据，管理操作系统及软件包等。SaltStack 是运维人员提高工作效率、规范业务配置与操作的利器。

SaltStack 一个配置管理系统，能够将远程节点维护在一个预定义的状态（例如确保安装特定的软件包并运行特定的服务）。其底层采用动态的连接总线，使其可以用于编配、远程执行、配置管理等。

在大规模部署和小型系统之间提供多功能性似乎令人生畏，但无论项目规模如何，SaltStack 的设置和维护都非常简单。SaltStack 的体系结构旨在与任意数量的服务器协同工作，从少数本地网络系统到跨不同数据中心的国际化部署。拓扑结构是一个简单的服务器/客户端模型，其中所需的功能内置于一组守护进程中。虽然默认配置几乎不需要修改，但可以对 SaltStack 进行微调以满足特定需求。

SaltStack 利用了许多技术，网络层使用优秀的 ZeroMQ 网络库构建，因此 SaltStack 守护程序包含一个可行且透明的 AMQ 代理。SaltStack 使用公钥与 Master 守护程序进行身份验证，然后使用更快的 AES 加密算法对负载通信进行加密。

身份验证和加密都是 SaltStack 的一个组成部分。SaltStack 通过利用 Msgpack 数据编码格式进行通信，实现了更加快速轻便的网络流量。

6.3 SaltStack 运维工具原理

本书以 SaltStack 为案例，基于 SaltStack 构建企业自动化运维平台，实现大规模服务器的快速管理和部署。SaltStack 将平常复杂的配置工作变得简单、标准化且容易控制。

SaltStack 自动运维管理工具有以下优点。

（1）轻量级，只需要在操作机上更新即可。

（2）控端（Master）与被控端（Minion）基于证书认证。

（3）支持 API 及自定义 Python 模块，轻松实现功能扩展。

（4）尽可能使用最小和最快的网络负载。

（5）提供简单的编程接口。

（6）系统不仅可以通过主机名，还可以通过其系统属性进行定位。

（7）需要客户端安装 Agent，典型的 C/S 架构。

（8）使用 Python 编写，维护更简单。

SaltStack 客户端（Minion）在启动时，会自动生成一套密钥，包含私钥和公钥。将公钥发送给服务器端，服务器端验证并接收公钥，以此建立可靠且加密的通信连接。同时通过消息队列 ZeroMQ 在客户端与服务器端之间建立消息发布连接。

Minion 是 SaltStack 需要管理的客户端安装组件，会主动连接 Master 端，并从 Master 端得到资源状态信息，同步资源管理信息。Master 作为控制中心运行在主机服务器上，负责

SaltStack 命令运行和资源状态的管理。

ZeroMQ 是一款开源的消息队列软件，用于在 Minion 端与 Master 端建立系统通信桥梁。SaltStack 自动运维管理工具工作原理拓扑如图 6-1 所示。

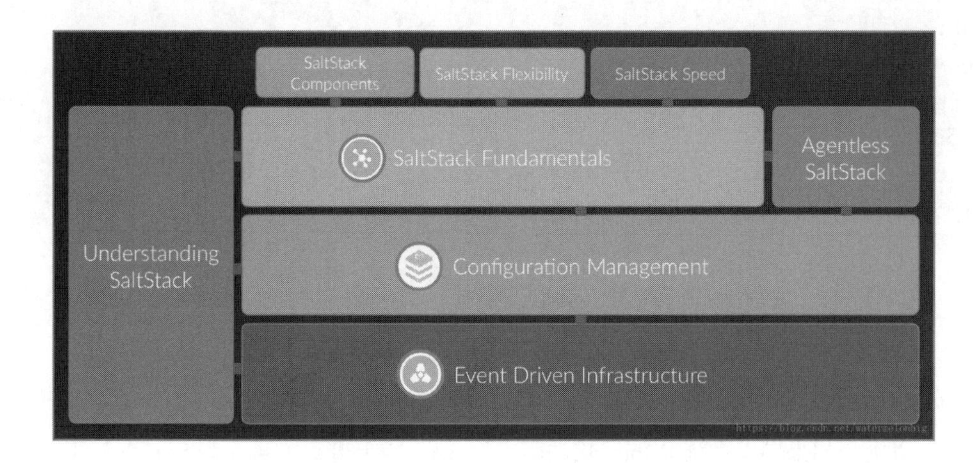

图 6-1 SaltStack 工作原理示意图

6.4 SaltStack 平台配置实战

部署 SaltStack 自动化运维平台，至少需要准备两台服务器，一台 Master 和一台 Minion 节点，如下所示：

```
Salt Master 节点：192.168.1.145
Salt Minion 节点：192.168.1.146
```

6.5 SaltStack 节点 Hosts 及防火墙设置

Master1、node1（minion）节点进行如下配置：

```
#添加 hosts 解析
cat >/etc/hosts<<EOF
127.0.0.1 localhost localhost.localdomain
192.168.1.145 master
192.168.1.146 node1
EOF
#临时关闭 selinux 和防火墙
```

```
sed -i '/SELINUX/s/enforcing/disabled/g'  /etc/sysconfig/selinux
setenforce  0
systemctl   stop    firewalld.service
systemctl   disable   firewalld.service
#firewall-cmd --permanent --zone=public --add-port=4505-4506/tcp
#同步节点时间
yum install ntpdate -y
ntpdate  pool.ntp.org
#修改对应节点主机名
hostname 'cat /etc/hosts|grep $(ifconfig|grep broadcast|awk '{print $2}'
|tail -1)|awk '{print $2}'';su
```

6.6 SaltStack 管理工具安装配置

SaltStack 可以工作在 Linux、BSD、macOS X 等平台上，对 Python 环境的版本最低要求为 Python 2.6 以上，如果操作系统 Python 软件版本为 2.4，需要升级方可使用 SaltStack 工具。

（1）Red Hat、CentOS 操作系统可以直接基于 YUM 工具自动安装 SaltStack，CentOS 6.x 或 CentOS 7.x 安装前，需先安装 SaltStack 源，代码如下：

```
yum install -y https://repo.saltstack.com/py3/redhat/salt-py3-repo-latest.
el7.noarch.rpm
yum clean all
yum install -y salt-master salt-minion zeromq*
systemctl enable salt-master.service
systemctl enable salt-minion.service
systemctl restart salt-master.service
systemctl restart salt-minion.service
```

（2）SaltStack 工具默认配置文件：/etc/salt/master/和/etc/salt/minion，其中 Master 为主配置文件，Minion 为客户端配置文件，如图 6-2 所示。

```
[root@www-jfedu-net ~]#
[root@www-jfedu-net ~]# cd /etc/salt/
[root@www-jfedu-net salt]#
[root@www-jfedu-net salt]# ls
cloud          cloud.deploy.d  cloud.profiles.d   master
cloud.conf.d   cloud.maps.d    cloud.providers.d  master.d
[root@www-jfedu-net salt]#
[root@www-jfedu-net salt]#
[root@www-jfedu-net salt]#
```

图 6-2　SaltStack 主目录信息

(3) SaltStack 远程批量管理，首先要在所有的 Minion 客户端配置文件中，指定 Master 的 IP 地址或者主机名，代码如下，如图 6-3 所示。

```
sed -i -e '/master:/s/salt/master/g' -e '/master:/s/#//g' /etc/salt/minion
systemctl restart salt-minion.service
```

```
# as the main minion config file).
#default_include: minion.d/*.conf

# Set the location of the salt master server. If the master server
# resolved, then the minion will fail to start.
master: master

# Set http proxy information for the minion when doing requests
#proxy_host:
#proxy_port:
#proxy_username:
```

图 6-3 Minion 节点文件内容

(4) 启动客户端 Minion 服务后，会产生一个密钥对，Minion 会根据配置的 Master 地址或者主机名连接 Master，并尝试将公钥发给 Master，Minion_id 表示 Minion 的身份。密钥认证后，Master 和 Minion 就可以通信了，此时可以通过 State 模块来管理 Minion 客户端。Minion 客户端密钥存放位置为/etc/salt/pki/minion/，Master 服务器端密钥存储位置为/etc/salt/pki/master/minions。

(5) 在 Master 端执行指令 salt-key -A 接收所有客户端即可。salt-key 指令常见的参数和含义如图 6-4 所示。

```
[root@master ~]# salt-key -A
The following keys are going to be accepted:
Unaccepted Keys:
master
node1
Proceed? [n/Y] y
Key for minion master accepted.
Key for minion node1 accepted.
[root@master ~]#
[root@master ~]#
[root@master ~]#
```

图 6-4 Minion key 认证与接收

6.7 SaltStack 工具参数详解

通过 SaltStack 自动运维工具管理客户端，由于 SaltStack 管理远程服务器基于 SSH，在登录远程服务器执行命令时需要远程服务器的用户名和密码，也可以加入-k 参数手动输入密码或者基于 ssh-keygen 生成免密钥。

SaltStack 自动化批量管理工具主要参数如下：

```
salt-key -L                          #列出所有 Minion 上的密钥
salt-key  -a <证书名>                #接收单个 Minion 证书
salt-key -d <证书名>                 #删除单个 Minion 证书
salt-key -D                          #删除所有 Minion 证书
salt-key -A                          #接收所有未验证的 Minion 证书
*                                    #指定 Minion(*代表所有 Minion)
salt '*' test.ping                   #test.ping 用来检测 Minion 是否链接正常
salt '*' disk.usage                  #disk.usage 用来查看磁盘使用情况
salt '*' network.interfaces          #列出 Minion 上的所有接口及其 IP 地址、子网掩码、
                                     #MAC 地址等
salt '*' cmd.run 'ls -l /etc'  #cmd.run  #查看/etc/文件和文件夹
salt '*' cmd.run 'yum install ntpdate -y'        #安装 ntpdate 软件包
salt '*' pkg.version python          #显示软件包版本信息
salt '*' pkg.install vim             #使用 YUM 安装包
salt 'node1' service.status mysql    #查看 MySQL 服务状态。也可以用 cmd.run,效果
                                     #是一样的
salt  'node[0-9]' cmd.run 'df -h'    #可以使用正则表达式
salt -L 'master,node1' cmd.run 'df -h'      #可以指定列表
salt -C 'G@os:Ubuntu and webser* or E@database.*' test.ping
                                            #在一个命令中混合使用多个选项
salt -G 'os:Ubuntu' test.ping   #可以使用 Grains 系统通过 Minion 的系统信息进行
                                       #过滤
salt-run manage.up                     #显示存活的客户端
salt-run manage.down                   #查看死机的 Minion
salt-run manage.down removekeys=True   #查看死机的 Minion,并将其删除
salt-run manage.status                 #查看 Minion 的相关状态
salt-run manage.versions     #查看 SlatStack 的所有 Master 和 Minion 的版本信息
salt "*" cmd.script salt://shell.sh    #执行服务器端的脚本;//注：默认 SaltStack
                                       #的脚本仓库目录在/srv/salt;
salt "*" cp.get_file salt://shell.sh /tmp/shell.sh
                 #复制文件到客户端，注：在复制文件时,如目标客户端目录不存在,可
                 #以在后面加上参数 makedirs=True,则会自动创建目录
salt "*" cp.get_dir salt://jfedu /tmp           #复制目录到客户端相应的目录
salt '*' file.copy /tmp/jfedu /tmp/jfedu        #把 salt-master 端对应文件复制到
                                                #Minion 端相应目录下
```

6.8　SaltStack ping 模块实战

SaltStack 最基础的模块为 ping 模块，主要用于判断远程客户端是否在线，用于 ping 本身服务器，返回值为 changed、ping。

SaltStack ping 服务器状态如图 6-5 所示。

```
salt '*' test.ping
salt '*' cmd.run 'ping -c1 www.baidu.com'
```

```
[root@master ~]# salt '*' test.ping
master:
    True
node1:
    True
[root@master ~]# salt '*' cmd.run 'ping -c1 www.baidu.com'
node1:
    PING www.a.shifen.com (14.215.177.38) 56(84) bytes of data.
    64 bytes from 14.215.177.38 (14.215.177.38): icmp_seq=1 ttl=128 t

    --- www.a.shifen.com ping statistics ---
    1 packets transmitted, 1 received, 0% packet loss, time 0ms
```

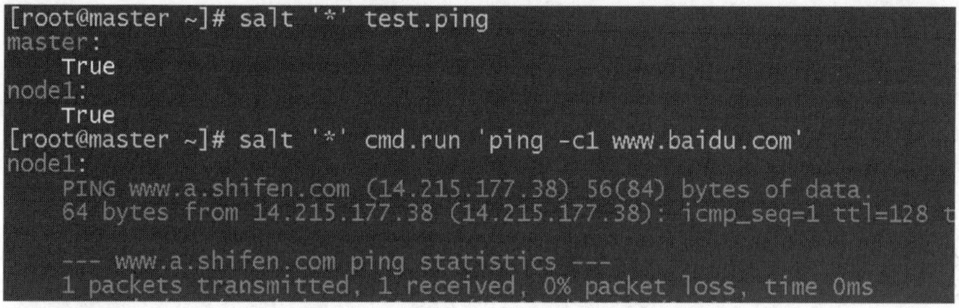

图 6-5　SaltStack ping 服务器状态

6.9　SaltStack cmd 模块实战

SaltStack cmd 模块为 SaltStack 默认模块，主要用于执行 Linux 基础命令，可以执行远程服务器命令执行、任务执行等操作。SaltStack cmd 模块企业常用案例如下。

（1）SaltStack cmd 模块远程执行 date 命令，执行结果如图 6-6 所示。

```
salt '*' cmd.run 'date'
```

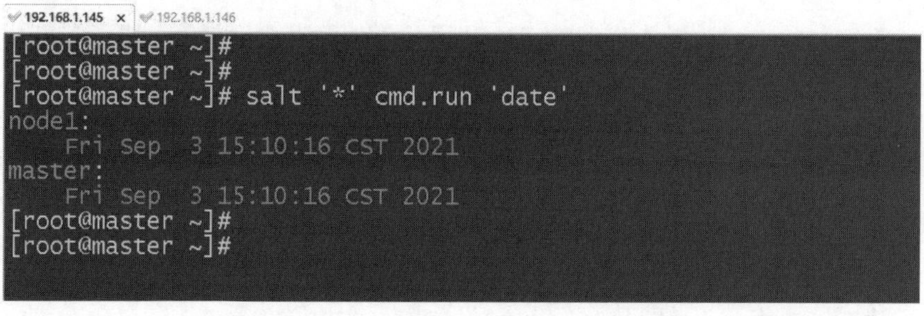

```
192.168.1.145 ×   192.168.1.146
[root@master ~]#
[root@master ~]#
[root@master ~]# salt '*' cmd.run 'date'
node1:
    Fri Sep  3 15:10:16 CST 2021
master:
    Fri Sep  3 15:10:16 CST 2021
[root@master ~]#
[root@master ~]#
```

图 6-6　SaltStack cmd date 命令执行结果

（2）SaltStack cmd 模块远程执行 ping 命令，执行结果如图 6-7 所示。

```
salt '*' cmd.run 'ping -c1 www.jd.com'
```

```
[root@master ~]# salt '*' cmd.run 'ping -c1 www.jd.com'
node1:
    PING img2x-sched.jcloud-cdn.com (113.107.249.3) 56(84) bytes of data.
    64 bytes from 113.107.249.3 (113.107.249.3): icmp_seq=1 ttl=128 time=32

    --- img2x-sched.jcloud-cdn.com ping statistics ---
    1 packets transmitted, 1 received, 0% packet loss, time 0ms
    rtt min/avg/max/mdev = 32.399/32.399/32.399/0.000 ms
master:
    PING 1036149.sched.skalego-dk.tdnsv5.com (42.101.76.138) 56(84) bytes o
    64 bytes from 42.101.76.138 (42.101.76.138): icmp_seq=1 ttl=128 time=42

    --- 1036149.sched.skalego-dk.tdnsv5.com ping statistics ---
```

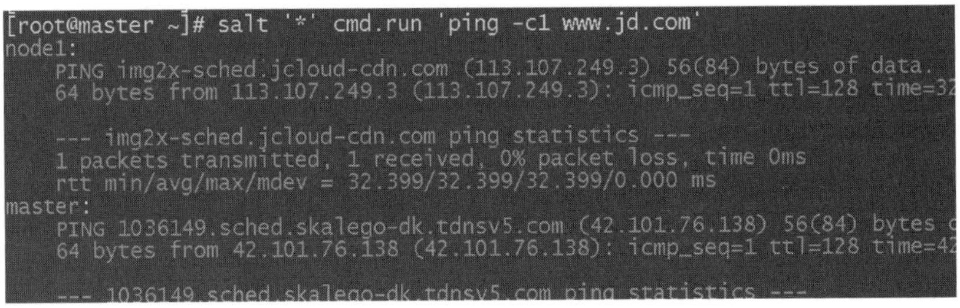

图 6-7　SaltStack cmd ping 命令执行结果

（3）SaltStack Hosts 正则模式远程执行命令 df –h，执行结果如图 6-8 所示。

```
salt '*' cmd.run 'df -h'
```

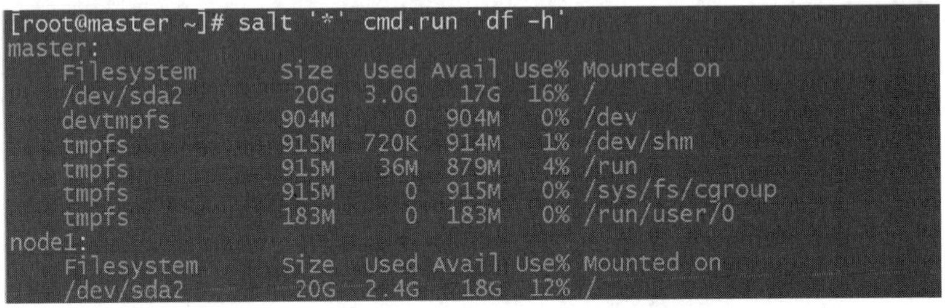

```
[root@master ~]# salt '*' cmd.run 'df -h'
master:
    Filesystem      Size  Used Avail Use% Mounted on
    /dev/sda2        20G  3.0G   17G  16% /
    devtmpfs        904M     0  904M   0% /dev
    tmpfs           915M  720K  914M   1% /dev/shm
    tmpfs           915M   36M  879M   4% /run
    tmpfs           915M     0  915M   0% /sys/fs/cgroup
    tmpfs           183M     0  183M   0% /run/user/0
node1:
    Filesystem      Size  Used Avail Use% Mounted on
    /dev/sda2        20G  2.4G   18G  12% /
```

图 6-8　SaltStack cmd df –h 命令执行结果

6.10　SaltStack copy 模块实战

SaltStack copy 模块主要用于文件或目录复制，支持复制文件、目录、权限和用户。SaltStack copy 模块企业常用案例如下。

（1）SaltStack copy 模块操作代码如下，其中 src 表示源文件，dest 表示目标目录或者文件，owner 指定拥有者，执行结果如图 6-9 所示。

```
salt-cp '*' kube-flannel.yml /tmp/
```

（2）SaltStack copy 模块操作也支持目录复制，代码如下，执行结果如图 6-10 所示。

```
salt-cp '*' /srv/salt/2021/ /tmp/ --chunked
salt "*" cp.get_file salt://kube-flannel.yml /tmp/
```

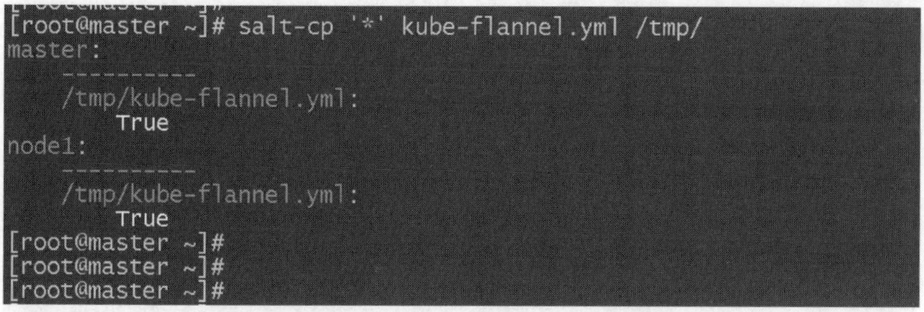

```
[root@master ~]# salt-cp '*' kube-flannel.yml /tmp/
master:
    ----------
    /tmp/kube-flannel.yml:
        True
node1:
    ----------
    /tmp/kube-flannel.yml:
        True
[root@master ~]#
[root@master ~]#
[root@master ~]#
```

图 6-9　SaltStack copy 复制文件

```
[root@master ~]# salt-cp '*' /srv/salt/2021/ /tmp/ --chunked
master:
    ----------
    /tmp/2021:
        True
node1:
    ----------
    /tmp/2021:
        True
[root@master ~]#
[root@master ~]# ls -l /tmp/
total 24
drwxr-xr-x 2 root root    6 Sep  3 15:17 2021
```

（a）

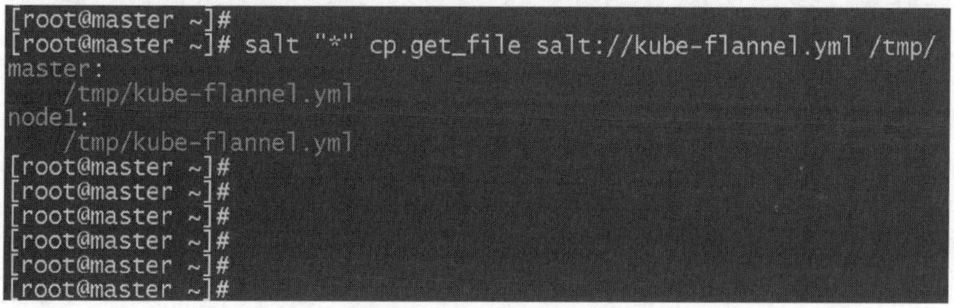

```
[root@master ~]#
[root@master ~]# salt "*" cp.get_file salt://kube-flannel.yml /tmp/
master:
    /tmp/kube-flannel.yml
node1:
    /tmp/kube-flannel.yml
[root@master ~]#
[root@master ~]#
[root@master ~]#
[root@master ~]#
[root@master ~]#
[root@master ~]#
```

（b）

图 6-10　SaltStack 目录复制

6.11　SaltStack pkg 模块实战

SaltStack pkg 模块主要用于软件的安装、升级和卸载，支持红帽.rpm 软件，相当于 CentOS YUM 模块。企业常用案例如下。

（1）SaltStack pkg 模块操作：例如远程安装 ntpdate 软件工具包，代码如下，执行结果如图 6-11 所示。

```
salt '*' pkg.install ntpdate
```

```
[root@master ~]# salt '*' pkg.install ntpdate
master:
    ----------
    ntpdate:
        ----------
        new:
            4.2.6p5-29.el7.centos.2
        old:
node1:
    ----------
    ntpdate:
        ----------
        new:
```

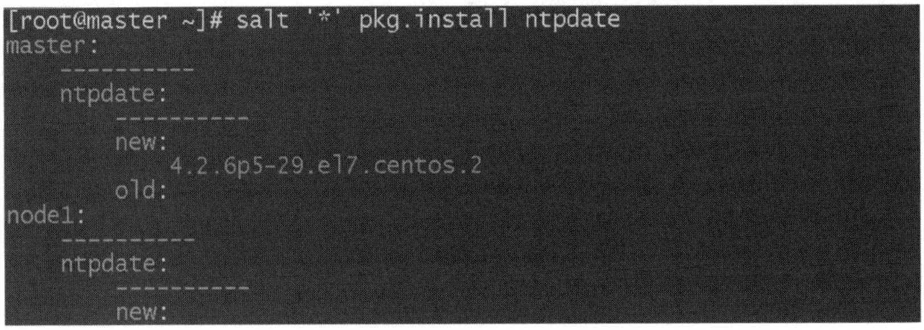

图 6-11　SaltStack YUM 安装软件包

（2）SaltStack pkg 模块操作：例如远程卸载 ntpdate 软件工具包，代码如下，执行结果如图 6-12 所示。

```
salt '*' pkg.remove ntpdate
```

```
[root@master ~]# salt '*' pkg.remove ntpdate
master:
    ----------
    ntpdate:
        ----------
        new:
        old:
            4.2.6p5-29.el7.centos.2
node1:
    ----------
    ntpdate:
        ----------
```

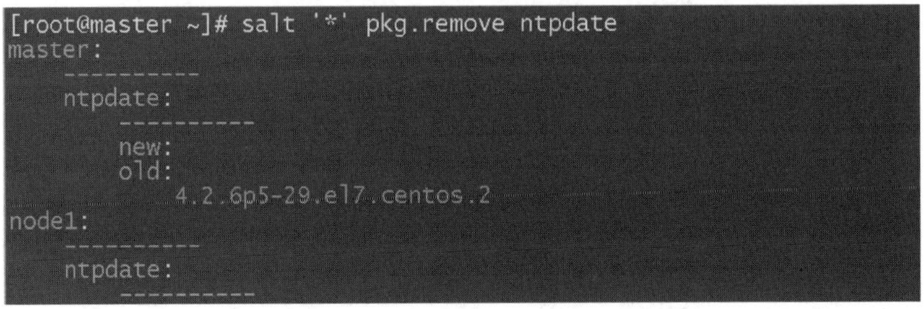

图 6-12　SaltStack YUM 卸载软件包

6.12　SaltStack service 模块实战

SaltStack service 模块主要用于对远程客户端进行各种服务管理，包括启动、停止、重启、重新加载等，SaltStack service 模块企业常用案例如下。

（1）SaltStack service 模块操作：远程重启 httpd 服务，代码如下，执行结果如图 6-13 所示。

```
salt 'node1' service.restart httpd
```

（2）SaltStack service 模块操作：远程停止 ntpd 服务，代码如下，执行结果如图 6-14 所示。

```
salt '*' service.start ntpd
salt '*' service.stop ntpd
```

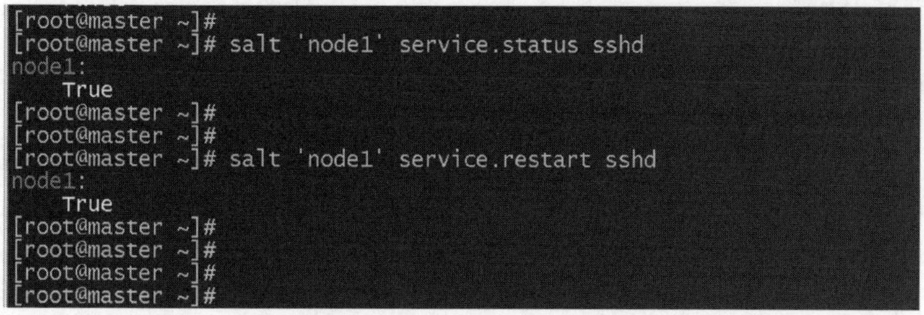

```
[root@master ~]#
[root@master ~]# salt 'node1' service.status sshd
node1:
    True
[root@master ~]#
[root@master ~]#
[root@master ~]# salt 'node1' service.restart sshd
node1:
    True
[root@master ~]#
[root@master ~]#
[root@master ~]#
[root@master ~]#
```

图 6-13　SaltStack service 重启 httpd 服务

```
[root@master ~]# salt '*' service.start ntpd
node1:
    True
master:
    True
[root@master ~]#
[root@master ~]#
[root@master ~]# salt '*' service.stop ntpd
master:
    True
node1:
    True
[root@master ~]#
```

图 6-14　SaltStack service 远程停止 ntpd 服务

6.13　SaltStack 配置文件详解

SaltStack 默认配置文件为/etc/SaltStack/Saltstack.cfg，配置文件中可以对 SaltStack 各项参数进行调整，包括并发线程、用户、模块路径、配置优化等。以下为 SaltStack.cfg 常用参数详解。

```
interface: 192.168.1.145        #绑定到本地的某个网络地址
publish_port: 4505              #默认端口 4505,设置 Master 与 Minion 通信端口
user: root                      #运行 SaltStack 进程的用户
max_open_files: 100000          #Master 可以打开的最大句柄数
worker_threads: 5               #启动用来接收或应答 Minion 的线程数
ret_port: 4506                  #Master 用来发送命令或接收 Minions 的命令执行返回信息
pidfile: /var/run/salt-master.pid   #指定 Master 的 pid 文件位置
root_dir: /                 #该目录为 SaltStack 运行的根目录,改变它可以使 SaltStack
                            #从另外一个目录运行,好比 chroot
pki_dir: /etc/salt/pki/master       #存放 pki 认证密钥
cachedir: /var/cache/salt           #存放缓存信息,SaltStack 工作执行的命令信息
verify_env: True                    #启动验证和设置权限配置目录
keep_jobs: 24                       #保持工作信息的过期时间,单位为小时
```

```
job_cache: True                    #设置 Master 维护的工作缓存。当 Minions 超过 5000
                                   #台时,它将很好地承担这个大的架构
timeout: 5                         #Master 命令行可以接受的延迟时间
output: nested                     #SaltStack 命令的输出格式
minion_data_cache: True            #关于 Minion 信息存储在 Master 上的参数,主要是
                                   #pilar 和 grains 数据
auto_accept: False                 #默认值为 False。Master 自动接收所有发送公钥的
                                   #Minion
file_recv: False                   #允许 Minion 推送文件到 Master 上
file_recv_max_size: 100            #默认值为 100,设置一个 hard-limit 文档大小推送
                                   #到 Master 端
state_top: top.sls                 #状态入口文件
renderer: yaml_jinja               #使用渲染器渲染 Minions 的状态数据
failhard: False                    #当单个的状态执行失败后,将通知所有的状态停止运行
```

6.14 SaltStack State 自动化实战

SLS（代表 SaltStack State 文件）是 SaltStack State 系统的核心。SLS 描述了系统的目标状态，由格式简单的数据构成。这经常被称作配置管理。

Top.sls 是配置管理的入口文件，一切都是从这里开始，在 Master 主机上，默认存放在/srv/salt/目录下。Top.sls 默认从 base 标签开始解析执行，下一级是操作的目标，可以通过正则、grain 模块或分组名进行匹配，再下一级是要执行的 state 文件，不包括扩展名。

（1）创建/srv/salt/top.sls 通过正则进行匹配的示例如下：

```
base:
  '*':
    - webserver
```

（2）通过分组名进行匹配的示例，必须要有- match: nodegroup。

```
base:
  group1:
    - match: nodegroup
    - webserver
```

（3）通过 grain 模块匹配的示例，必须有- match: grain。

```
base:
  'os:Fedora':
    - match: grain
```

```
    - webserver
```

（4）准备好 top.sls 文件后，编写一个 state 文件，/srv/salt/webserver.sls，如下所示：

```
apache:                              #标签定义
  pkg:                               #state declaration
    - installed                      #function declaration
```

注： 第一行称为标签定义（ID declaration），在这里被定义为安装包的名。注意：在不同发行版软件包命名不同。

第二行称为状态定义（state declaration），在这里定义使用（pkg state module）。

第三行称为函数定义（function declaration），在这里定义使用（pkg state module）调用 installed 函数。

（5）最后可以在终端中执行如下命令，结果如图 6-15 所示。

```
salt '*' state.highstate
```

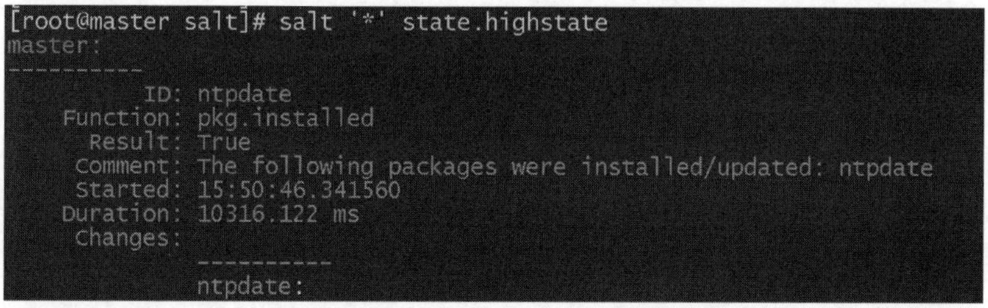

```
[root@master salt]# salt '*' state.highstate
master:
----------
          ID: ntpdate
    Function: pkg.installed
      Result: True
     Comment: The following packages were installed/updated: ntpdate
     Started: 15:50:46.341560
    Duration: 10316.122 ms
     Changes:
              ----------
              ntpdate:
```

（a）

```
              ntpdate:
                  ----------
                  new:
                      4.2.6p5-29.el7.centos.2
                  old:

Summary for node1
------------
Succeeded: 1 (changed=1)
Failed:    0
------------
Total states run:     1
Total run time:  11.285 s
```

（b）

图 6-15　SaltStack SLS 案例实战

采用 test=True 参数测试执行：

```
salt '*' state.highstate -v test=True
```

主控端对目标主机（targeted Minions）发出指令运行 state.highstatem 模块，目标主机首先会对 top.sls 下载并解析，然后按照 top.sls 匹配规则内的定义的模块将被下载、解析并执行，结果将反馈给 Master。

（6）以上操作需要读取全局 top.sls，有的情况需自定义读取某个 SLS 文件，可以在终端中执行如下命令，执行结果如图 6-16 所示。

```
salt '*' state.sls firewalld
```

```
[root@master salt]# cat firewalld.sls
firewall-stop:
  service.dead:
    - name: firewalld.service
    - enable: False
[root@master salt]#
[root@master salt]#
[root@master salt]# salt 'node1' state.sls firewalld
node1:
----------
          ID: firewall-stop
    Function: service.dead
        Name: firewalld.service
```

图 6-16　Salt SLS 文件案例实战

6.14.1　SLS 文件企业实战案例一

在企业生产环境中，Linux 系统安装完成之后，通常会将 DNS 设置为本地局域网的服务器 IP，操作的方法和代码如下：

```
cat>dns.sls<<EOF
dns-config:
  file.managed:
    - name: /etc/resolv.conf
    - source: salt://init/files/resolv.conf
    - user: root
    - group: root
    - mode: 644
EOF
cp /etc/resolv.conf files/
```

6.14.2　SLS 文件企业实战案例二

在企业生产环境中，Linux 系统安装完成之后，通常会设置时间同步策略，安装 ntpd 服务，操作方法和代码如下：

```
cat>ntp.sls<<EOF
ntp-install:
  pkg.installed:
    - name: ntpdate
cron-ntpdate:
  cron.present:
    - name: ntpdate poo.ntp.org
    - user: root
    - minute: 5
EOF
```

6.14.3　SLS 文件企业实战案例三

在企业生产环境中，Linux 系统安装完成之后，通常会设置 Selinux 策略，一般会关闭 Selinux，操作方法和代码如下：

```
mkdir -p /srv/salt/
mkdir -p init/files/
cd /srv/salt/init/
cat>selinux.sls<<EOF
selinux-config:
  file.managed:
    - name: /etc/selinux/config
    - source: salt://init/files/selinux-config
    - user: root
    - group: root
    - mode: 0644
EOF
cp /etc/selinux/config files/selinux-config
```

6.14.4　SLS 文件企业实战案例四

在企业生产环境中，Linux 系统安装完成之后，通常会安装常见的软件包和工具，例如 net-tools、gzip 等，操作方法和代码如下：

```
cat>pkg-base.sls<<EOF
include:
  - init.yum-repo
base-install:
  pkg.installed:
    - pkgs:
```

```
      - screen
      - lrzsz
      - telnet
      - iftop
      - iotop
      - sysstat
      - wget
      - dos2unix
      - lsof
      - net-tools
      - unzip
      - zip
      - vim
    - require:
      - file: /etc/yum.repos.d/epel.repo
EOF
```

6.14.5 SLS 文件企业实战案例五

在企业生产环境中，Linux 系统安装完成之后，通常会进行 SSHD 服务优化，例如关闭 DNS 反向查找等，操作方法和代码如下：

```
cat>sshd.sls<<EOF
sshd-config:
  file.managed:
    - name: /etc/ssh/sshd_config
    - source: salt://init/files/sshd_config
    - user: root
    - gourp: root
    - mode: 0600
  service.running:
    - name: sshd
    - enable: True
    - reload: True
    - watch:
      - file: sshd-config
EOF
cp /etc/ssh/sshd_config files/
vim files/sshd_config
Port 6022
UseDNS no
```

```
PermitRootLogin no
PermitEmptyPasswords no
GSSAPIAuthentication no
```

6.14.6　SLS 文件企业实战案例六

在企业生产环境中，Linux 系统安装完成之后，通常会设置内核参数策略，例如修改 Linux 系统最大文件数等，操作方法和代码如下：

```
cat>limit.sls<<EOF
limit-config:
  file.managed:
    - name: /etc/security/limits.conf
    - source: salt://init/files/limits.conf
    - user: root
    - group: root
    - mode: 0644
EOF
cp /etc/security/limits.conf files/
echo "* - nofile 65535" >> files/limits.conf
```

6.14.7　SLS 文件企业实战案例七

在企业生产环境中，Linux 系统安装完成之后，通常会进行内核优化，例如设置相关内核参数，操作方法和代码如下：

```
cat>sysctl.sls<<EOF
 net.ipv4.tcp_fin_timeout:
  sysctl.present:
    - value: 2
net.ipv4.tcp_tw_reuse:
  sysctl.present:
    - value: 1
net.ipv4.tcp_tw_recycle:
  sysctl.present:
    - value: 1
net.ipv4.tcp_syncookies:
  sysctl.present:
    - value: 1
net.ipv4.tcp_keepalive_time:
  sysctl.present:
```

```
- value: 600
EOF
```

6.14.8 SLS 文件企业实战案例八

在企业生产环境中，Linux 系统安装完成之后，通常会设置防火墙策略，例如可以关闭 Firewalld，操作方法和代码如下：

```
cat>firewalld.sls<<EOF
firewall-stop:
  service.dead:
    - name: firewalld.service
    - enable: False
EOF
```